潮水之困
21 世纪气候难民

[美] 约翰·R. 温纳斯通（John R. Wennersten）
[美] 丹尼斯·罗宾斯（Denise Robbins）　　著

李振兴　毕亮亮　郭东波　等　译

科学技术文献出版社
SCIENTIFIC AND TECHNICAL DOCUMENTATION PRESS

·北京·

图书在版编目（CIP）数据

潮水之困：21世纪气候难民 / （美）约翰·R. 温纳斯通（John R. Wennersten），（美）丹尼斯·罗宾斯（Denise Robbins）著；李振兴等译. —北京：科学技术文献出版社，2018. 11（2019. 11重印）
书名原文：Rising Tides: Climate Refugees in the Twenty-First Century
ISBN 978-7-5189-4933-5

Ⅰ. ①潮…　Ⅱ. ①约…　②丹…　③李…　Ⅲ. ①气候变化—对策—研究—世界
Ⅳ. ① P467

中国版本图书馆 CIP 数据核字（2018）第 258575 号

著作权合同登记号 图字：01-2018-7513
中文简体字版权专有权归科学技术文献出版社所有
Translation from the English language edition：
Rising Tides: Climate Refugees in the Twenty-First Century
by John R. Wennersten and Denise Robbins
Copyright © 2017 by John R. Wennersten and Denise Robbins
Chinese simplified characters translation rights licensed from the original English-language publisher,
Indiana University Press.
All rights reserved to Indiana University Press.

Chinese simplified characters copyright © 2017 by Scientific and Technical Documentation Press
All rights reserved.

潮水之困：21世纪气候难民

策划编辑：张　丹　责任编辑：王瑞瑞　责任校对：文　浩　责任出版：张志平

出　版　者	科学技术文献出版社	
地　　　址	北京市复兴路15号　　邮编　100038	
编　务　部	(010) 58882938，58882087（传真）	
发　行　部	(010) 58882868，58882870（传真）	
邮　购　部	(010) 58882873	
官方网址	www.stdp.com.cn	
发　行　者	科学技术文献出版社发行　全国各地新华书店经销	
印　刷　者	北京虎彩文化传播有限公司	
版　　　次	2018 年 11 月第 1 版　2019 年 11 月第 3 次印刷	
开　　　本	710×1000　1/16	
字　　　数	230千	
印　　　张	16.25	
书　　　号	ISBN 978-7-5189-4933-5	
定　　　价	65.00元	

编 委 会

主　编　中国杭州低碳科技馆

主译者　李振兴　毕亮亮　郭东波

译　者　牛卢璐　钱晶晶　胡周颖

译　校　王瑞瑞　周国臻

序　言

　　气候变化多年来一直被人们关注，部分归功于纪录片和新闻报道，如阿尔·戈尔的《难以忽视的真相》（*An Inconvenient Truth*）。然而，这个问题最关键的部分远远超出了自然环境的范围，它影响着地球上所有的人。那些因为气候变化而流离失所或支离破碎的人们很少得到关心。在发达国家，很多人并不把气候变化当作是紧迫的问题，另一些人则从恐同症和本土主义的民族视角来看气候变化与难民人口。在全球气候变化时代，人们更加关注北极熊的命运，而非数以百万计的难民。

　　在写这本书时，我们试图提供一个对 21 世纪气候难民的批判性调查，同时从问题和希望的角度进行讨论。未来最困难的问题不仅仅是让公众接受气候变化会导致大规模的人口迁移，更在于如何说服政府彻底解决这个问题。世界有道义上的责任要保护那些被迫逃离的人，无论是因为战争、饥荒还是因为气候变化。

　　全球气候变化和全球难民危机将很快不可避免地产生千丝万缕的联系。气候正在发生变化，而这种变化的速度将会让地球物理学家、人口学家和整个科学共同体震惊。一场新的气候难民海啸正在席卷全球，我们正处在关键时刻。

目　录

第一部分　21 世纪气候难民

第二部分　压力点和区域分析

第三部分　政策影响与结论

第一部分

21 世纪气候难民

引　言

环境难民问题在全球舞台上迅速凸显。事实上，它是我们这个时代人类最重要的危机之一。

—— 诺曼·迈尔斯（Norman Myers），《环境大逃离》

隧道里的人

2015 年 8 月 6 日，雾霾天，一名非法移民在走完了全程 31 英里 ^① 的英吉利海峡海底隧道之后在英国被逮捕。这个 40 岁的苏丹非法移民叫阿卜杜勒·塔曼·哈罗恩（Abdul Tahman Haroun），他从法国加莱穿越英吉利海峡来到英国，被指控恶意阻挠铁路运输。他成功穿过英吉利海峡到达英格兰的福克斯顿的事实，说明了人们是多么不顾一切地想逃离苏丹那片贫瘠干旱的土地。同一天，还有 500 多人试图从加莱通过英吉利海峡到达英国。事态发展的结果就是英国在欧洲隧道的终点站增加了 100 多名安保人员，并且宣布了一些新的措施来阻止寻求避难的人，如最高可判处入狱 5 年的处罚。[1]

隧道事件只是大量中东和北非人非法进入欧洲问题的一小部分。因为战争和自然环境的恶化，人们正持续不断地流向欧洲，而且这种流动没有慢下

---

① 本书中出现的英制单位换算关系如下：1 英寸 = 0.0254 米，1 英尺 = 0.3048 米，1 英里 = 1609.344 米，1 英亩 ≈ 4046.856 平方米。

来的迹象。不论是通过隧道，还是通过经常在地中海倾覆的小船，这种迁移都是未来危机的信号。

气候变化已经在我们身边，我们需要去思考下一个更大的令人不安的问题，那就是遍布整个地球的大量的环境难民所带来的潜在的灾难性后果。早在 1990 年，政府间气候变化专门委员会在《联合国发展计划 2015 年人类发展报告》中指出："气候变化带来的最大的单一效应就是人类迁移，因为海岸线被侵蚀、沿海地区的洪水和农业被破坏，数以百万的人被迫流离失所。"[2] 这些人只能在"避难"一词越来越不受欢迎的时代去寻找新的居住地。皮博迪考古博物馆的史蒂文·勒布朗（Steven LeBlanc）在他最近出版的《持续不断的战争》一书中认为，过去人口增长、干旱、农业歉收等环境变化导致中东经常发生战争。人类学者贾雷德·戴蒙德（Jared Diamond）在《崩溃：社会如何选择成败兴亡》[3] 一书中描述，墨西哥的古玛雅文明及新墨西哥的阿纳萨奇文化的消亡也经历了同样的过程。正如迈克尔·克莱尔（Michael Klare）观察到的，许多专家认为苏丹达尔富尔地区及其他北非战乱地区发生的争斗，在一定程度上是因为沙漠部落对稀缺水资源的争夺引发的，而不断增长的人口数量加剧了这种争夺。[4]

卡米洛·莫拉的研究

夏威夷大学生物地理学家卡米洛·莫拉（Camilo Mora）和他的同事们最近发表了一篇令人不安的关于全球前景的分析报告。[5] 他们称之为"气候逃离"时代，正如戴安娜·托米（Diane Toomey）在《耶鲁 360 度环境观察》中所说的那样："地球的气候和从前不同，已经进入一个新的状态——一个高温纪录经常被打破，曾经被认为是极端的情况成为常态的状态。"[6] 莫拉和他的合作者研究了来自各个地区数以百万个地点的数据，以确定气候偏离对我们的星球将意味着什么。莫拉把气候偏离的时间锁定在 2047 年："在广泛的范围内，按照现有人类的活动情况，气候偏离将在 2047 年发生。这一年气候的变化将超越过去 150 年人们的认知。"[7] 莫拉的团队采用了过去 200 年全世界 6000 个地点的数据进行模拟研究，他们预测，热带地区这种气候偏离实际上会很快发生。这些地区的物种已经长时间适应了稳定的气候，如果平均气温升高 1~2℃，这些物种就会受到巨大影响。在全球海洋的一些地方，这种情况已经发生——大量的珊瑚礁正在消失。[8]

作为一名科学家和一名地球居民，令莫拉感到害怕的是这种变化已经在全世界发生，并且"等到这种变化达到人们能够感觉到的量级时，恐怕为时已晚"。但"当我们开始破毁自然系统及自然系统生产食物的能力时，人们的反应方式会非常糟糕"。[9]气候偏离将在有限食物的世界发生。持续供养一个人需要 2 公顷的土地。目前，全球有 70 多亿人口，据莫拉的团队估计，地球上仅有 110 亿公顷耕地可持续耕种，每年有 30 亿公顷的缺口。莫拉指出，未来唯一的补救方法是唤醒公众的意识，着手共同努力减少人口增长。[10]

大部分气候变化的潜在后果被描述为热浪、洪水和严重风暴等极端天气。如果我们从莫拉的数据外推可以预见，未来更大更具破坏性的热带风暴和极端热浪将把半球相对温和的气候带转变成热带气候环境或者沙漠。根据美国气候变化科学计划公布的数据分析，20 世纪热带风暴的年平均次数变化分 3 个明显阶段，先是逐渐增加，后来保持在较高的水平。一直到 20 世纪末，全球热带风暴还维持在相对稳定的水平，但 1995—2005 年的 10 年，极端龙卷风和飓风的年平均次数从 10 次增加到 15 次，包括 8 次飓风和 7 次热带风暴。[11]气候变化研究所指出："认识到飓风形成背后的两个驱动因素——海洋表面温度和湿度水平受气候变化影响非常重要。"[12]另一种极端天气事件热浪发生的次数随着温室气体排放量的增加而增加，促使全球变化导致地球的温度越来越高。印度和一些其他国家夏季的气温已经超过100℉。2003 年欧洲迎来了历史上最高温，5.2 万人由于极端炎热而死亡。[13]

因为温度的升高，空气中的水分容量增加，导致暴雨加剧。低洼地区洪水泛滥的强度增加，对全世界来说都是很悲惨的。例如，在孟加拉，有1700 万人居住在海拔不到 3 英尺的低海拔地区，还有数百万人居住在恒河和雅鲁藏布江沿岸次大陆的洪泛区与扁平堤上。[14]

环境因素几乎总是与经济联系在一起影响着人们的日常生活。发展中国家的贫困人口往往首当其冲地受到环境破坏的影响，进而引发迁移事件。人们往往由于多种因素而成为气候难民，从社会科学的角度很难确定哪些因素在多大程度上造成了他们的流离失所。但应该认识到，有时环境衰退与政治经济无关。正如迈尔斯所指出的："并非所有因素都可以全面地量化，也不是所有的分析都能得到全面的文档支持。"[15] 我们已经看到气候与人类迁徙之间的联系不是新现象。20 世纪 30 年代，美国平原的干旱尘暴迫使数十万移民出走加利福尼亚。1969—1974 年，非洲萨赫勒（Sahe）地区的尘暴导致上百万农民和牧民涌向城市。[16] 如果未来气候的变化继续迫使人口的大规模迁移，就会引发问题——什么时候这些受害者将被授予得到某种形式保护的权利？

从 "refugie" 到 "refugee"

以前大量涌入难民的现象也发生过。"难民"（refugee）一词最早应用于法国新教胡格诺派教徒，他们在 1685 年被国王路易十四敕令（撤销南特允许宗教信仰的法令）所迫离开该国。"refugee"一词来源于法语单词"refugie"，原意是寻求宗教的庇护。今天，这个术语适用于那些因为政治剧变要逃到其他国家安全地带的人。[17] 无论是当时还是现在，"难民"和"移民"两个词都不受欢迎，因为他们会使有关人员感到耻辱。大量有意思的文献是关于 18—20 世纪难民问题的。在过去，难民往往是国家建立过程的副产品。民族国家排斥少数民族，例如，1864 年德国作为新统一的国家排斥波兰人，土耳其排斥亚美尼亚人，巴尔干国家排斥穆斯林。安置难民被看作是处理过度拥挤和资源匮乏问题的优先措施。

第一次世界大战造成了第一次难民危机。战胜国在巴黎和会上创立了国际联盟，其部分工作任务是遣返和重新安置 950 万名难民。国际联盟几乎没有准备好应付难民危机，战胜国和战败国都陷入了严重的财政困境。国际联盟高级难民委员会（1921 年）在遣返战俘方面功不可没，弗里德霍夫·南森（Fridjhof Nansen）任署长时期，联盟能够为无家可归者或无国籍难民办理身份证明文件。但正如历史学家迈克尔·玛鲁斯（Michael Marrus）指出，20 世纪 20—30 年代的难民问题处理就像"用卧室床单来阻挡飓风"一样。[18]

同第一次世界大战一样，第二次世界大战期间也爆发了难民海啸。1945

年的盟军军官很快就把庞大的难民部落区分开。这 900 多万人要么是战俘，要么是被纳粹德国奴役的人，他们被分成两类，一类是可以被遣返回他们自己国家的难民（refugees），另一类是无家可归的难民（displaced persons）。正如玛鲁斯所描述的："数以百万计的难民穿过东欧的残骸：被俄国和其他国家驱逐的德国人，数千名被倒台的纳粹释放的劳工，250 万名从苏联回国的波兰人及捷克人……他们都被战火赶出了自己的家园。"在战争后期，由联盟国发起成立了国际难民组织，处理难民遣返和重新安置的双重问题。跨越德国和东欧的"难民营"被建立起来以保护广大难民免遭饥饿。到 1949 年，难民数量已经降到了难民高级委员会所号称的"最后百万"。[19] 这些人在欧洲没有家，大部分乘船到美国、澳大利亚和加拿大。英国和法国所占的份额少于 10 万人。21 世纪之交，当未来的难民危机爆发时，这些重新安置和重建的大门将关闭。

　　与此同时，美国一直在寻求自己的移民策略。简·麦克亚当（Jane McAdam）说，在第二次世界大战期间，总统富兰克林·罗斯福（Franklin Roosevelt）曾发起了一个名为"M 计划"的秘密研究计划。"M 计划"（M 为"迁移"）指定了一个小型专家小组研究世界各地可能的安置战后 1000 万～2000 万名难民的地方。1945 年，"M 计划"已提出了 600 多个地方。[20] 这个由地理学家亨利·菲尔德（Henry Field）领导的秘密计划，被认为是战争期间的政治炸药。[21] 根据麦克亚当的说法，"阿根廷、巴西、玻利维亚、澳大利亚北部、加拿大和中国东北部被确定为难民安置的可能地区"。[22] 奇怪的是，广袤的无人居住的阿拉斯加却没有被提到过。

　　第二次世界大战的大屠杀造成了一个充满难民、流离失所者、被怨恨的民族人口的世界。直到 1944 年，罗斯福总统也不愿意去拯救欧洲的犹太难民，数以百万计的犹太难民被屠杀。在时任财政部长小亨利·摩根索（Henry Morgenthau Jr.）——罗斯福内阁中唯一的犹太人坚定的斡旋下，总统被迫面对大屠杀的现实。财政部长小亨利·摩根索的报告标志着美国的难民政策发生了改变。罗斯福成立了战争难民委员会，据记载，该委员会总计从大屠杀中拯救了 20 万名犹太人，但这只是数以百万计死于大屠杀的难民中的一小部分。

　　在我们写作本书的时候，欧洲正在被叙利亚战争难民包围着，这是历史上最大规模的战争难民潮之一。叙利亚战争已经进行了近 4 年，造成了 10 万人死亡，对叙利亚的环境造成了毁灭性破坏。近百万的难民进入欧洲，给本来已经复杂的气候难民问题又增加了宗教和文化冲突。这种难民潮在一代人的时间内将改变整个欧洲大陆的面貌。乐观者希望经过安置和教育解决上述问题。另一些人认为这可能是我们全球系统土崩瓦解的开始。当前，当危险局势出现时，许多世界领导人选择了麻痹和相互指责。在这个关键时刻，欧盟的欧洲国家正在讨论如何继续移民，但仅限于"记录在案"的难民。

2009 年，只有 30% 的美国人认为，世界气候在变化。2012 年，调查显示，70% 的美国人开始相信温室气体改变了地球。我们已经进入了一个环境变化和紧随其后难民潮的新时代。[23]

在宗派冲突、内战和经济衰退的时代，环境难民对于公共政策项目来说并不光彩，大多数决策者希望这个话题能够消失。但是由于人们被迫见证数以百万计的人因为海平面上升、沙漠化、干旱和突如其来的飓风与海啸而逃离他们的家园，这个话题事实上就会顽固地存在于世界各国的舞台上，尽管人们试图去遗忘它。

不知道要多久人们才能够从理想主义回到现实。目前，在不同国家和国际领导者之间的反复的讨论太多，却不是很有效。可是，有一点是确定的，气候变化不仅仅改变地球，还会改变人类生活。2007 年，大卫·卡梅伦（David Cameron）在《金融时报》（*Financial Times*）发表文章指出，"早在 1971 年，普林斯顿国际法教授理查德·福尔克（Richard Falk）就认为环境变化是安全问题，并提出了'第一生态政治法则'的概念：变化的速度越快，适应的时间越短，影响就越危险"。[24] 我们生活在一个资源短缺的时代。麦克尔·克莱尔在《最后的竞争》一书中提出，对食物、水和其他资源的无节制的消费加上全球变化的来临会引发全球危机爆发。不同的国家会采取不同的移民战略。最后气候难民就会成为全球变化、暴力和技术转型时代棘手的人权问题。[25]

大规模的进攻

北非和其他地区的极端天气事件成了常事。沙漠化一定会导致大量的人口为了寻找水源、生计和安全而进行迁移。考虑到近 3/4 的人口居住在海边或者海岸线附近，我们大多数特大城市都在沿海地带，海平面的上升会带来严重状况。五角大楼备忘录写道："想象一下日本沿海城市被淹，淡水被污染的情形，由于沿海地区被不断上升的海水淹没，巴基斯坦、印度等国因为共有的河流与耕地在边境发生冲突。"[26]

我们很难把造成难民的环境因素与其他因素区分开来。经济、政治、文化和气候等因素就像社会学的双螺旋一样互相缠绕在一起。然而，有一个点是相同的，难民都在承受苦难，这种苦难一般是因为他们的家园受海啸、沙漠化、缺水和疾病等影响造成环境的破坏而变得贫困。

这些全球环境难民流到哪里存在相当大的不确定性。但去往富裕的西方发达国家的海岸胜算较大，而这些国家已经变得越来越排外。拥有 10 700 名精干员工的联合国难民高级委员会（UNHCR）办公室面对近 2133 万名难民已经感到巨大压力。[27] 如果加上因为气候变化造成数百万流离失所的人，联合国的其他政府机构那些最智慧的精英们也会力不从心，引发治理和管理危机。

显而易见，随着世界的发展，需要更多的农场和农民来养活地球上不断增长的人口。同时，中国等大国在全球各国购置农田，康尼格拉和通用磨坊（ConAgra 和 General Mills）等华尔街食品股大幅上涨。对于降雨减弱的国家来说，如何获得水和谷物将成为最大问题。英国皇家国际事务研究所（Chatham House）在《未来资源报告》（*Resources Futures report*）中警告，到 2020 年，在一些国家依靠自然降水的农业产量将减少一半。因为对自然降水的依赖最大，非洲下降最快。中国、印度、巴基斯坦和中亚地区也会受到严重影响。[28] 热浪会减少河流的流量，这将意味着灌溉用水和水力发电的供水也会减少。长远来看，除了造成运动中的人口迁移浪潮，未来环境的变化也将以前所未知的模式改变政府基础设施。

现在，我们在安全和富裕的家中从电视、报纸与互联网上看到数十万的难民不断地离开非洲及中东前往神圣和繁荣的英格兰与欧洲。这些人因为干旱、土壤退化、沙漠化、洪水和战争无法维持生计而放弃家园，这些人不惜铤而走险，哪怕在欧洲被本地人施暴或者淹没在暴风雨般的地中海。跟不久前的那些难民不同，这些人放弃了他们的家园，在可预见的时间内没有希望返回。

环境难民是一个超越了单一国家或机构的发展政策问题。这些问题充满了情感、人事代理与政治方面的争议。这些人将被如何搬迁安置？可能为环境难民提供临时还是永久庇护？这些难民居住的新地区会有集体权利吗？谁来支付重新安置过程中受影响的国家的所有费用？

像美国这样的西方发达国家也已经开始感受到了环境压力和灾难的冲击。10年前，飓风"卡特里娜"把骄傲的新奥尔良南部城市淹没在水下，最近，飓风"桑迪"摧毁了中部大西洋海岸并淹没了纽约市。今天，西南部正在经历能够记忆起来的最严重的干旱。环境历史学家指出，这与20世纪30年代干旱肆虐的堪萨斯州、得克萨斯州和俄克拉马州平原上咆哮的风尘暴类似，这场风尘暴将使得遥远的华盛顿和费城等城市也笼罩在令人窒息的尘土与污垢中。加利福尼亚担心它的圣安德烈亚斯断层（San Andreas Fault），太平洋西北部地区的地震学家担忧被他们称为"The Big One"的滑动构造板块"卡斯卡迪亚俯冲带"(Cascadian subduction zone)在发生大地震之后造成海啸，将会影响约14万平方英里的地区，导致700万人无家可归，摧毁和淹没西雅图、塔科马、尤金和俄勒冈州的首府塞勒姆。

了解我们即将到来的气候危机的规模是困难的，吸收气候难民或受战争蹂躏的同胞是负担，同时充满争议。在机场欢迎他们很容易，但为他们提供生计和就业机会更复杂。因此，当我们考虑难民和未来的问题时，我们不妨照照镜子，那样就会意识到我们每个人都可能是个难民。

参考资料

http：//climate.org/archive/PDF/Environmental%20Exodus.pdf.

[1] "Channel Tunnel：Man Accused of Trying to Walk to UK，" *BBC News*，August 7，2015.

[2] "Human Development Report 2015，" United Nations Development Programme，2015.

[3] Jared Diamond，*Collapse：How Societies Choose to Fail or Succeed*，rev. ed. (New

York: Penguin, 2011).

[4]　Michael T. Klare, "Entering a Resource-Shock World: How Resource Scarcity and Climate Change Could Produce a Global Explosion," *TomDispatch.com*, http: //www.tomdispatch.com/blog/175690/.

[5]　Camilo Mora et al., "The Projected Timing of Climate Departure from Recent Variability," Nature 502 (October 10, 2013): 183–87.

[6]　Diane Toomey, "Where Will the Earth Head after Its 'Climate Departure'?" Yale Environment 360, July 2, 2014, http: //e360.yale.edu/ feature/interview_camilo_mora_where_will_earth_head_after_its_climate_ departure/2783/.

[7]　Ibid.

[8]　Ibid.; Juliet Eilperin, "More Frequent Heat Waves Linked to Global Warming," *Washington Post*, August 4, 2006.

[9]　Toomey, "Where Will the Earth Head?"

[10]　Ibid.

[11]　Greg J. Holland and Peter J. Webster. "Heightened Tropical Cyclone Activity in the North Atlantic: Natural Variability or Climate Trend?" *Philosophical Transactions of the Royal Society A: Mathematical*, Physical and Engineering Sciences 365 (2007): 2695–2716.

[12]　Quote and analysis from the Climate Institute, "Topics/Core Issues: Extreme Weather," accessed October 26, 2016, http: //climate.org/archive/topics/ extreme-weather/index.html.

[13]　Janet Larson, "Setting the Record Straight: More than 52, 000 Died from Heat in Summer 2003," Plan B Updates, Earth Policy Institute, July 28, 2006.

[14]　Government of Bangladesh and the European Commission, "Damage, Loss, and Needs Assessment for Disaster Recovery and Reconstruction," pp. 14–16.

[15]　Norman Myers, *Environmental Exodus: An Emergent Crisis in the Global Arena* (Washington, DC: Climate Institute, 1995), 32.

[16]　UN High Commissioner for Refugees, "Climate Change and Forced

Migration，" January 1，2008，http：//reliefweb.int/report/world/climate-change-and-forced-migration.

[17] Ben Zimmer，*The Wall Street Journal*，"The Burden Carried by 'Refugee,'" September 4，2015.

[18] Michael R. Marrus，*The Unwanted：European Refugees in the Twentieth Century* (New York：Oxford University Press，1985)，52.

[19] Ibid.

[20] Jane McAdam，"Lessons from Planned Relocation and Resettlement in the Past，" *Forced Migration Review* 49 (May 2015)，30–33，http：//www.fmreview.org/sites/fmr/files/FMRdownloads/en/climatechange-disasters.pdf.

[21] Henry Field，*M Project for F. D. R.：Studies on Migration and Settlement* LiteraryLicensing，LLC，2013.

[22] McAdam，"Lessons，" p. 31.

[23] "Polling the American Public on Climate Change，" Environmental and Energy Study Institute，*EESI Reports*，October 2014.

[24] David Cameron，"A Warmer World Is Ripe for Conflict and Danger，" FT.com，January 24，2007，http：//www.ft.com/cms/s/0/49bca770-ab4f-11db-b5db-0000779e2340.html?ft_site=falcon&desktop=true#axzz4WGfG9J3i.

[25] Michael Klare，*The Race for What's Left：The Global Scramble for the World's Last Resources* (New York：Picador，2012).

[26] Dan Brook and Richard H. Schwartz，"The Warming Globe and Us：It's More than CO_2，" *Dissident Voice*，May 1，2007.

[27] UNHCR，"Figures at a Glance，" http：//www.unhcr.org/figures-at-a-glance.html.

[28] Bernice Lee，Felix Preston，Jaakko Kooroshy，Rob Bailey，and Glada Lahn，*Resources Futures：A Chatham House Report* (London：The Royal Institute of International Affairs，December 2012)，76.

第一章

寻找风暴的庇护所

气候变化的代价和后果将定义 21 世纪的世界。

——迈克尔·韦茨（Michael Werz）和劳拉·康利（Laura Conley），
美国促进中心（Center for American Progress）

联合国政府间气候变化委员会在 2007 年的报告中警告，全球气候系统由于化石能源排放变暖是明确的，已有全球平均气温和海洋温度升高、冰雪大范围融化和全球平均海平面升高等观测证据。考虑到气温升高，降水增多，可获得的淡水资源将发生改变。地球上的一些地方将会变得更湿润，而另一些地方将会变得更干燥。干旱和洪水都会增加。储存在冰川积雪中的水量将减少，这会影响 10 多亿人的水源供给。土地利用模式的全球变化及资源的过分开采将导致人口的流动。今天的结论已无法逃避：人类已成为自然界最强的力量，改变着这个星球的结构，我们现在正在见证人类毁灭地球。[1]

联合国难民事务高级专员安东尼奥·古特雷斯（António Guterres）宣称："气候变化是我们这个时代决定性的挑战。"[2] 今天，人们认识到，大量的 CO_2 排放带来的全球气温升高使环境更加恶化，有可能触发大规模人口迁移。随着地球持续变暖，海洋表面和大气的温度升高，将会促进热带气旋和洪水等极端天气事件强度的增加。南太平洋及其他地区海平面的升高将破坏一些小的岛屿国家。而另一些地方，由于冰川退缩，淡水的现存储备将减少。缺水和干旱的脆弱地区将处于高度危险之中。

没人可以等到人类导致的气候变化得到 100% 的科学证明再开始采取行

动，特别是在相当数量的人的生命和生活处于危险境况之时。[3] 无论出于何种目的，我们都不能那么做。科学家已经得出结论，化石燃料正以 95% 的确定性推动全球变暖，就像吸烟能导致死亡，艾滋病毒可以导致艾滋病一样（图 1.1）。[4]

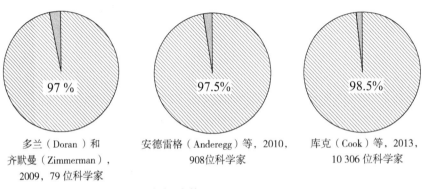

多兰（Doran）和
齐默曼（Zimmerman），
2009，79 位科学家

安德雷格（Anderegg）等，2010，
908位科学家

库克（Cook）等，2013，
10 306 位科学家

▨ 同意人类活动导致气候变化的科学家数

▨ 不同意人类活动导致气候变化的科学家数

图 1.1　每一次调查对气候变化的科学共识都越来越强

国际移民组织认为，尽管对未来气候变化的诸多预测差异很大，但是对于气候变化相关因素导致地球上很多地方变得不宜居住这一点，几乎没有怀疑。[5] 地球表面温度的升高已经带来全球气候的变化，变化速度是过去几千年未见的。据预测，到 21 世纪末，全球气温将会升高 2~5℃，移民的数量将十分巨大，并且更加具有不确定性。[6] 因此，气候或者环境难民就会成为我们这个时代首要的人类危机。正如联合国副秘书长阿希姆·施泰纳（Achim Steiner）指出："面对科学上的复杂性与不确定性，以及越来越多的全球变化的证据，我们必须持续自问，在什么时候需要采取有关行动，包括预警、常识和风险管理？"[7]

海平面上升和环境难民

莱斯特·布朗（Lester Brown）在他的《边缘的世界》（*World on the Edge*）一书中写道，长期而言，海平面上升产生的难民可能主导环境难民的流动。[8]海平面到底会上升多少？最保守的估计是 1~3 英尺。一贯务实和有远见著称的荷兰人在规划中假设到 2050 年海平面将会上升 2.5 英尺。[9]可能荷兰能够抵挡住这升高的 2.5 英尺，但是这足以毁灭大部分马尔代夫之类的岛国。然而科学家现在认为海平面至少会上升 3 英尺，还是在全球积极减少化石能源使用的前提下。如果不采取应对气候变化的措施，海平面在 2100 年会上升 6 英尺，21 世纪内会上升 10 英尺。[10]

全世界 10% 的人口生活在低海拔地区，并且这部分人口数量增长很快。专家们认为，到 2040 年，全球温度持续上升 3℃，就会导致海平面上升 0.25 英尺，沿海湿地、渔业、地下淡水供应都将被破坏。海水入侵还将破坏农田，影响饮水供应。面对海平面上升，大型城市中心，如上海、马尼拉、曼谷、达卡和雅加达也都非常脆弱。上涨的潮水和风暴潮正在把陆地淹没在海平面之下，包括美国弗尼吉亚州的诺福克、路易斯安那州南部大部分地区、印度洋和太平洋的图瓦卢与马尔代夫等岛国。在西半球，美国人可能已经发现自己正在挣扎于安置沿墨西哥湾、南佛罗里达州及靠近新英格兰的东海岸的几千万被迫迁移的人口。因为虽然科学家们不能详细地预测短期人类历史，但重大的变化将是毫无疑问的。著名的气候学家詹姆斯·汉森（James Hansen）认为："尽管中国经济实力不断增长，面对海平面上升带来上亿名气候移民也会是个巨大的困难。随着佛罗里达州和沿海城市被淹没，美国也会面临同样的压力。"他强调，由于世界各国相互依存，"海平面上升可能会对经济和社会系统造成威胁"。[11]

在美国北大西洋海岸上，海平面上升的速度是全球平均的 4 倍，保守估计到 2100 年将上升 6 英尺。特别是纽约、诺福克和波士顿处于风险之中，并且已经经历了洪水甚至小型风暴的破坏。[12]在弗尼吉亚海岸的入海口，有一个叫钦科蒂格的地方，有野生海滩和野生小马，是野生动物的天堂，这个地方的海岸线每年缩进 20 英尺。

2013 年 7 月，滚石发表了一篇标题响亮的文章《再见，迈阿密》。作者杰夫·古德尔（Jeff Goodell）预测，由于海平面的上升，到 2030 年迈阿密将无法居住，并在 21 世纪末将被完全淹没，基本上变为一个浮潜地点，"在那里，人们可以跟鲨鱼和海龟一起游泳，探索一个伟大的美国城市的残骸"。[13] 古德尔的文章引发了一些争议，但不是没有道理的。事实上，根据新闻组织气候中心（Climate Central）分析，所有会受到海平面上升影响的美国人至少有 40% 生活在佛罗里达州。而且迈阿密面临着一个独特的风险：基础不稳定。迈阿密，还有南佛罗里达州很多地方，是在多孔石灰岩的基础上建造的。任何堤坝或海塘都不能有效抵御洪水，海洋水很轻易就可以穿过基岩。这种影响已经存在，海水通过下水道渗入街道，会淹没过时的污水系统。据佛罗里达州的交通运输部门所言，2050 年之后上涨的海水将淹没大部分沿海公路，浸透和侵蚀公路底下的石灰石，摧毁它们。科学家和学者们已经警告州政府，未来人们离开被淹没的佛罗里达州时将会造成大规模的人口流动。

最新的研究表明，不仅佛罗里达州的人们需要逃离，到 2100 年，海平面的上升可能导致美国沿海社区 400 万 ~1300 万人离开家园，[14] 他们将去哪里还不清楚。

好消息是，并不是所有的城市都陷入了不适合居住的海平面之下。对气候变化采取强有力的行动将对美国的 14 个主要城市产生巨大影响，包括佛罗里达州的杰克逊维尔和弗尼吉亚州与加利福尼亚州的少数几个城市。[15]

淡水稀缺和冲突

正如安德列·阿普尔顿（Andrea Appleton）在《霍普金斯健康评论》（*Johns Hopkins Health Review*）中指出："水资源的不确定性随气候变化而来。"她还进一步补充说："真实的水荒可能需要我们对如何管理水资源有一个根本的思考。"[16] 我们现在不重视水的态度将随着世纪的进程发生根本性变化。现在很多人认为水不是个问题。人们总觉得当他们打开水龙头，水就会流出来。将来这未必是必然的，尽管富人总会有水喝。无论如何，过去的几个世纪，平凡的水从来不是大众媒体的素材。

我们把浴缸和热水浴池放满水，并在洗完澡后理所当然地把水放掉。一个想法深深扎根于我们潜意识中：水总会有的。但这是富裕的西方主要的自私想法。

人们意识到水的生态概念大多开始于 20 世纪中叶，时间不长。地球上越来越多的荒漠化和湿地的消失增强了人们对环境的关注。直到 21 世纪的今天，我们才开始认识到水是全球变化的重要组成部分。学者们开始争论地球对越来越多人口的承载能力。例如，地球上的食物和水是否足以养活 80 亿 ~ 100 亿人？同时，在发展中国家，在拥挤不堪的城市里的富裕居民和他们最贫穷的邻居之间，水问题不断加剧。世界水论坛每 3 年召开一次会议，2009 年在伊斯坦布尔第三次会议上发布的"改变世界的水"报告中提供了一个严峻的评估，"地球上的 50 亿人，或者说 2/3 的人还是跟以前一样没有获得安全的水、足够的卫生设施或足够的食物"。[17]据世界水论坛报告，每年世界人口增长 8000 万人，不断对全球淡水资源提出考验。

从 21 世纪的视角，我们看到的是河流的干涸。一些世界上最大的河流因为气候变化正在干涸，包括黄河、尼日尔河和科罗拉多河。这将给这些全球人口最密集的地区和城市带来灾难性的潜在后果。[18]格兰德河在到达海湾之前就干涸了，尼罗河的水流被大坝堵塞，水库蒸发损失了数百万加仑的水。在印度的许多地方，农民迫切需要灌溉用水，地下水抽取的速度超过了降水能够补充的速度，蓄水层的水资源以更快的速度被掠夺。科学家们还预测，随着气候变化导致的内陆冰川融化和降水模式的改变，那些目前流量保持稳定或有所增加的河流，如雅鲁藏布江和长江也将枯竭。[19]

全球一半以上的湿地已经消失，世界范围内的全球气候变化已经改变了天气模式并且导致水资源短缺。[20]事态发展在发达国家也可能引发冲突和大规模向外移民。在美国，水文学家担心水作为一种商品变得越来越稀缺，美国和加拿大之间会因为五大湖泊的水资源而发生冲突。美国西南各州和加利福尼亚州在多年干旱冲击下变得闷热，政府越来越把饥饿的目光转向苏必利尔湖，想从那里引进"蓝黄金"（blue gold）灌溉干涸的土地。让我们看看科罗拉多河，它是美国 7 个州及墨西哥西北部的主要水源。目前，科罗拉多河勉强满足依赖它的数百万人的需要。加利福尼亚州奥克兰市的太平洋研究所的彼得·格雷克（Peter Gleick）对《新闻周刊》说，"如果水位进一步下降，整个系统将被破坏"。[21] 此外，干旱引起的人口迁出可能使州和联邦预算因为搬迁费用而变得紧张，随之而来的可能就是社区动乱问题。

严重的缺水或肆虐的洪水迫使人们必须转移到其他地方，而这种迁移会在接收移民的地区产生冲突。如果移民所到的地方本来就面临水资源的短缺，如印度，移民就会增加接收地区的经济和资源负担。[22] 如果这些移民属于不同的民族或宗教团体，居民可能会感觉受到威胁并做出激烈的反应。不管气候难民多么和平，在大多数情况下，他们的到来都会引起公众的严重怀疑和不信任。拉斐尔·鲁文尼（Rafael Reuveny）指出，突如其来的剧烈环境变化会促使许多人迅速迁移。在 20 世纪 80 年代的印度，孟加拉国气候难民的到来就导致了暴力事件。[23] 同样，20 世纪 30 年代大萧条时期，加利福尼亚州接收的沙尘暴移民造成了很多远超其人口份额的冲突。从俄克拉荷马州来的俄克人（Okies）遭遇了侮辱、歧视和殴打，他们的窝棚被烧毁，警察控制着边境阻止他们进入加利福尼亚州。

中国和印度之间就存在着水资源引发冲突的危机，解决不好就有可能产生气候难民潮。水文学家担心水冲突可能会对大坝和其他河岸造成严重后果。有观点认为，中国与其邻国之间的水冲突涉及国家安全，一旦发生严重冲突只会使问题变得更糟。[24] 这一地区的水问题事关西藏喜马拉雅高原的命运，那里流出来的河流要满足 10 亿人的需求。目前，由于气温升高，那里的冰川正在融化。在开始阶段的水量过度暴增以后，就会出现水量的短缺。气候模型结果显示，到 21 世纪 50 年代可能达到"融化峰值"，主要河流水流量将减少 20%。水资源的短缺将造成地区的不稳定。[25]

作为移民驱动力的农业危机

农业已经成为现代阿加斯提亚（印度神话中喝干海水的巨人）。[26] 农业的扩张需要大量的灌溉用水，如果不加限制，它可能会吞噬掉地球上未开垦的土地和荒野剩余的地下水。为应对阿加斯提亚，增加耐高温和耐干旱的作物产量研究日益成为生存议程的一部分。然而，应该指出的是，绿色革命的技术革新已经基本上实现了，像过去那样通过新的种植技术使农业生产以指数速度增长的前景不大。[27]尽管技术革新多种多样，但农业发展已经趋于稳定。据全球气候专家莱斯特·布朗（Lester Brown）指出，1993年世界的农业产量只比1984年增加4.2%，而同期全球人口增长16%。在此期间，人均粮食产量下降了11%。据联合国粮农组织（FAO）报告："2015年全球长期营养不良的人口估计有7.93亿人。"[28]到2050年，如果全球人口增长到预期的98亿，需要生产出相当于今天3倍的粮食。但全球范围内只有很少一些区域可供农业开发。这一问题在一些政府不健全的国家更加复杂。正如联合国观察员所说，在一些国家，失败的政府或者没有政府，情况非常糟糕。在这些国家中，只有少数能保持食物的自给自足，如肯尼亚、博茨瓦纳和赞比亚。

如今，干旱已经是破坏性位居全球第一的灾害。自从20世纪初以来，在中国，1907年的干旱曾造成大规模死亡，死亡人数达2500万人之多；苏联伏尔加地区的乌克兰在1921—1922年死亡人数为500万人；印度1965年的干旱，死亡人数为150万人。此外，孟加拉国地区的风暴通常会造成数千人死亡。

荒漠化在非洲已变得非常普遍，整个村庄和农场都被沙子淹没了。1982—1984年非洲的干旱，使24个非洲国家的1.84亿人濒于饥饿。有1000万人为寻找食物离开家园，其中200万人生活在5个国家的难民营。很多人在漫长的移民等待中去世。越来越多的人由于气候变化造成的山体滑坡、龙卷风和洪水等灾害死亡或被迫流离失所，数量史无前例。[29]《斯特恩报告》（The Stern Review）——一个英国政府发布的关于气候变化的经济学报告中警告："由于气温显著升高和条件严重恶化，气候变化将要检验全世界众多社会的承受力。当资源低于临界值时，大量的人将被迫离开家园。以中国为例，有3亿人将由于冰川融水的减少受到影响。"[30]

环境因素造成的失地与经济因素一样多。专家指出，这一问题在墨西哥、中美洲、巴基斯坦和孟加拉国尤其突出。如果农业社区的人们拥有很少或根本没有土地，土地太少、压力太大而无法获得生计，耕地的产值会降低。同时，据联合国估计，到2020年我们供养的人口还要增加13亿人，到2050年要增加41亿人。在马来西亚等国家，砍伐森林导致降雨量下降，对当地水稻生产造成灾难性影响。最近的研究指出，喜马拉雅山麓的森林砍伐对印度恒河流域的农业系统造成了数十亿美元的负面影响。[31]

不管什么原因，砍伐森林已经造成发展中国家大量人口失去家园和生计。沙漠化现在正在覆盖地球表面的 1/3 以上，大约 4500 万平方千米的土地已经干旱到生产力严重下降的状态。沙漠化正在导致世界上人口压力最大的地区——撒哈拉以南非洲灾难的迅速爆发。早在 20 世纪 80 年代科学家就指出了这个区域，包括萨赫勒地区、非洲之角和从纳米比亚穿过博茨瓦纳、津巴布韦与莫桑比克南部的干旱走廊。据估计，到 1987 年，半干旱地区有 1000 万人成为环境或气候难民。今天，大概有 9 亿处在荒漠化地区的人们面临危险。与此同时，这些地区的人口每年还以 3% 的速度在增长。非洲的干旱，现在已经跟原来不一样了，在萨赫勒、索马里等地方因为水少人多，面临无数灾难。缺水导致了卫生、农业和工业的重大问题。特别重要的是，在 90% 的发展中国家，缺乏清洁的日常用水导致各种疾病和疫病，如霍乱和肠道寄生虫病等。

与此同时，该地区大部分地方都面临粮食短缺。由于不利的贸易关系，加上缺乏技术创新和政治意愿，该地区从外部购买粮食的希望很小。总之，联合国专家认为撒哈拉以南非洲地区的前景为迅速增加的气候难民提供了充足的空间。粮食短缺已经在很大程度上驱使人们离开埃及和突尼斯。[32]

近年来，俄罗斯中心地带的温度已经上升到 100 ℉，小麦收成大幅下降。在另一个主要的粮食地带，澳大利亚的墨累河和昆士兰地区的收成也严重下降。由于导致庄稼绝收的严重干旱，墨累河已经干涸了好多年，昆士兰的洪水严重降低了澳大利亚的农业生产力。

《华尔街日报》曾经总结认为，中国需要粮食，中国农民需要水。中国的水稻、小麦和玉米的生产与水资源利用存在严重矛盾。海水渗漏影响到了中国北方的地下蓄水层，也使土地面临变得贫瘠的威胁。[33]美国的大平原地区也已经出现了类似事态。面向不确定未来开展的耐旱谷物的遗传研究也随之而迅速发展。水专家彼得·罗杰斯（Peter Rogers）说："未来的现实项目是让人们以实事求是的态度真正重视水资源。""我们不必经历水危机"，罗杰斯说，"但如果我们忽视这些警告信号，没有避免这种情况所需的领导和社会决心，我们就会面临一个非常严重的危机"。[34] 同时，作为粮食危机之年，2011 年，由于小麦、玉米、食糖和食用油价格上涨，全球食品价格达到创纪录的水平。

诺贝尔奖得主经济学家保罗·克鲁格曼（Paul Krugman）认为，升高的温室气体浓度正在改变全球粮食系统。作为对于那些断言气候变化不会影响粮食问题的说法的反应，他承认消费模式的改变和人口的增长会影响粮食价格，但他认为，气候变化的影响仅仅刚开始。我们可能会经历几个糟糕的冬天，但"不要让下雪欺骗了你"，在一个变暖的世界"将有更多更糟糕的未来"。[35]

移民的驱动因素

移民是由许多相互关联的因素推动的，往往与社会和经济权益问题结合在一起。下面列举了气候难民人口形成的基本驱动因素：

1. 地震、飓风、洪水和干旱等自然灾害。
2. 带来环境变化的开发项目，具体指大坝和灌溉项目、核电站和工业事故。
3. 人口增长带来的环境问题。
4. 缓慢的气候变化：农业歉收、砍伐森林和荒漠化。
5. 环境变化带来的冲突和战争。
6. 经济不景气。

自然灾害

这些驱动因素中，干旱、洪水和海平面上升会产生数以百万的人口迁移。最近研究指出，2018 年至少有 2000 万人会因为突发自然灾害流离失所。2005 年 8 月，新奥尔良飓风造成的洪水迫使数千名城市居民撤离，而成千上万的非裔美国人由于城市交通不便而被洪水吞没。2000—2005 年，全球平均每年有 1.06 亿人受洪水影响，3800 万人受飓风影响。众所周知，即使在拥有先进技术设备的今天，也没有任何气候模型能够准确地预测风暴和洪水对人口稠密地区的损害，以及是否会造成灾难性后果。频繁的暴风雨和洪水正在破坏孟加拉国。主要受此影响，20 世纪 90 年代，1200 万～1700 万孟加拉人搬到印度，50 万人在国内迁移。

从 20 世纪 90 年代开始，一些极端天气事件的发生加剧了天气变化，有可能会产生大量的气候难民。随着大气缓慢而稳定地升温，全球变暖模型预测，世界上许多地区的天气变化会更加猛烈。近年来，自然灾害的数量翻了一番多，这都归因于天气相关灾害的剧烈增加，发达国家也正在发生这些灾害。2012 年，美国东海岸的飓风"桑迪"造成了 500 亿～800 亿美元的损失（图 1.2）。

最近，像飓风和干旱这样的气候灾害造成了严重的经济损失。据世界气象组织报告，1970—2012 年，共发生超过 8835 次气候灾害，导致了 2.4 万亿美元经济损失，同时引发疾病的流行。非洲就是一个突出典型。非洲国家可能对多重压力反应最脆弱，预计将有 2.5 亿人会遭受缺水和粮食安全威胁，低洼地区还会受海平面上升影响。[36]

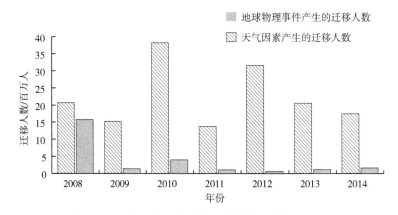

图 1.2 天气因素和地球物理事件产生的人口迁移

数据来源：内部流离失所监测中心。

开发项目

乌克兰切尔诺贝利镇是关于这个驱动因素的一个很好的例子。附近的一个核反应堆爆炸后，苏联政府宣布拆除切尔诺贝利核电站的计划。切尔诺贝利事件产生的放射性物质的辐射量是广岛的 50 倍，辐射面积为 20 万平方千米，导致核电站 30 千米以内的 11.6 万人撤离。这座城市遭受的致命打击毁灭了数万个居民回归家园的希望。因此，这些人就成为不断增长的环境难民群体的一部分。同样，印度博帕尔邦的有毒化学品泄漏事件使农村荒芜，迫使大部分人口流离失所。有毒废物对土地和水的逐渐毒害及被人类努力加剧的自然灾害的影响，也推动了气候难民队伍的壮大。其他的破坏，如修建水电大坝，也会造成人口的迁移，尽管这些项目的出发点是合理的。印度的大坝项目已经导致 2000 万人迁移，中国迁移人数是 3000 万人。据世界银行报告，发展中国家每年因为建设大坝造成 1000 万人背井离乡。长江上的三峡大坝已使 100 多万人背井离乡。在发展中国家目前有 1000 座大型水电站正在建设之中。这些大坝运行起来，将对当地社区产生深刻影响。

人口增长和城市化

发展中国家快速城市化进一步加剧了全球人口压力。1950 年，不管是发展中国家还是发达国家，仅有 18% 的人居住在城市。全部发展中国家的城市人口总数从 1950 年的 2.85 亿人增长到 1990 年的 14 亿人。印度、尼日利亚和中国预计将占据 2014—2050 年全球城市爆炸式增长人口的 37%。印度的城市居民预计将增加 4.4 亿人，中国增加 2.92 亿人，尼日利亚增加 2.12 亿人。[37] 令人深思的是，墨西哥城有 1700 万城市人口，相当于挪威、丹麦和瑞典的总和。

雅加达和拉各斯等发展中城市人口超过了 1000 万人，极大地增加了基础设施的压力，印度尼西亚和尼日利亚自从成为殖民地以来，基础设施改进很小。城市规划者指出，一般城市的理想人口数是 100 万人，超过这个数量，污染、健康、住房紧张等问题都会对环境造成负面影响。在发展中国家，大概超过 10 亿人生活在空气不适合呼吸的污染环境中。[38] 大多数人住在贫民区、棚户区和贫民窟。尼日利亚似乎是拥有导致未来难民潮的一系列消极因素，土壤侵蚀、荒漠化、森林砍伐、广泛的水污染和严峻的水资源短缺使这个国家和这个国家的大城市的未来希望渺茫。

城市人口增长与压倒一切的气候难民问题之间有多大关系？大多数情况下，人口增长不是唯一的原因，但正是这种增长给环境带来了巨大的压力。值得指出的是，世界上人口增长最快的地区也是土地退化和缺水最严重、农业压力最大、失业最多和最贫困的地区。撒哈拉以南非洲似乎陷入了人口陷阱，农村和城镇人口减少，城市人口已经超过环境承载力。

砍伐森林、农业歉收和荒漠化

海啸和龙卷风这样的极端环境事件往往会引起媒体的注意，但是环境的逐渐变化很可能对未来人们的迁移产生更大影响。国际移民组织（The International Organization for Migration，IOM）指出，过去 30 年，受干旱影响的人口数量为 16 亿人，是受风暴影响人数（约 7.18 亿人）的 2 倍。[39]

今天，许多欠发达国家都有类似于 20 世纪 30 年代美国尘暴的经历，获得淡水和可耕地仍然是社会摩擦与冲突的焦点。拉斐尔·鲁文尼指出，"人均耕地最少的区域在非洲和亚洲，特别是东亚、南亚和中东"，"全球大约有 10 亿人缺少饮用水，其中一半在撒哈拉以南非洲，1/3 在亚洲"。[40] 美国大平原移民及 2005 年的"卡特里娜"飓风，是人们如何因剧烈天气变化相关灾害而离开家园的例证。但是，对于移民事件，鲁文尼等社会科学家指出，"关键问题不在于灾难本身有多强，而在于人们抵御灾难的能力有多强"。[41]

战争和冲突

在讨论气候变化和移民问题时，研究人员可以很容易地识别冲突热点。撒哈拉以南非洲在水、荒漠化和冲突方面的问题如此严重，因此在那里创造出新的气候难民术语不足为奇。战略研究所的杰弗里·梅佐（Jeffrey Mazo）认为，苏丹达尔富尔正在进行的内战是"第一个现代气候变化的冲突"。[42] 联合国前秘书长潘基文也持相同观点。[43] 达尔富尔的暴力冲突发生在 20 世纪 80 年代的一场干旱中。干旱气候导致的稀缺打乱了传统的农牧民共存模式，导致争斗，到 2003 年演变成我们目睹的全面悲剧。[44] 在越来越多的国家，如埃塞俄比亚、乍得、苏丹、利比亚、索马里、莫桑比克和海地，正常的国家服务甚至边界消失了。非洲半干旱地区的武装冲突因为旱情加剧。这些地区的人们因为气候有关灾害而流离失所，面临食物、水、住所、保健和妇女保护方面诸多挑战。

最大的挑战之一是该地区的自动武器变得便宜，而且广为分散，削弱了酋长和部落长老的力量，催生了军阀。例如，非洲西北地区的气候移民，在经济和国际安全方面造成令人不安的发展势态。[45] 不幸的是，现有的全球制度框架无法解决像非洲西北地区国家那样庞大规模的移民问题及气候问题。各国都非常珍视自己的领导权，而不愿意把权力授予集体国际行动。最终各国就会不理解为什么要帮助那些他们自己国家都不愿意帮助的移民。

经济不景气

当人们被迫在经济价值降低的土地上从事农业生产或者在非常低廉的工资水平下工作，他们就会产生"在哪都比在这强"的想法，进而加入移民大军。现代世界的贸易体系基本上允许跨国公司在这个星球上寻找最便宜和最可利用的劳动力，全球体系不是把人固定在一个地方，而是使工人更加不受管束。资本在全球自由流动，不久以后，大规模的移民人口也会全球流动。这些人从电视和互联网上得知有更好的地方——西欧国家和美国。

低工资社会本质上是污染社会，因为它们的公司在商品生产过程中很少考虑环境问题。当其与其他驱动因素结合在一起时，经济因素可能会成为与自然灾害和战争同等的发动力量。

与海平面上升联系在一起的移民潜力相当可观。随着世纪的进程，生活在海拔低于1米的人群将直接受到伤害。人口稠密的南亚洪灾区（靠近印度河、恒河-雅鲁藏布江、长江、珠江等河流）对常住人口具有巨大风险。干旱也将迫使人口迁移。例如，在萨赫勒地区，1973—1999年，荒漠化使近100万尼日尔人流离失所。1960—1980年，困扰巴西东北地区的周期性干旱和荒漠化促使340万人移居国外。孟加拉国已经因为其灾难性的洪水而闻名，在未来还面临邻近的印度因气候驱动的冰川融化导致水位的不断上涨。[46] 此外，在南美洲安第斯山脉地区，冰川融化造成的缺水将导致气候、移民和安全问题。最后，中国水资源短缺、大气污染等环境变化问题重重。中国的缺水问题将使数以百万的人成为国内或者跨境移民。

气候变化的力量

正如我们所见，气候变化将从根本上影响数百万人口的生活，这些人在未来 10 年内将被迫离开他们的村庄和城市去其他地方寻求庇护。联合国估计，到 2020 年将会有 5000 万名环境难民。虽然学者们讨论了难民流动的严重性，并认为这些假设是建立在过于泛化的人类行为的基础之上的，但目前牛津大学诺曼·迈尔斯等研究认为，全球有 2500 万名气候难民。[47] 目前，很少有从改善全球治理的国家行动视角来研究环境难民问题的。卡米洛·莫拉等专家认为，在未来的几十年，当研究慢慢进入公众意识时，气候变化将越来越威胁到世界许多地区人类的共同利益和集体安全，并对全球最不发达国家产生更大影响。[48]

今天，我们不可避免地得出如下结论：人类已经成为自然界的主要力量，并正在改变地球的结构。我们正在目睹人类毁灭地球。气候难民曾一度被认为是发展中世界的一部分问题，但现在已几乎成为全球问题，对此问题的反应将决定我们能在多大程度上维持所谓的"人类文明社会"。

参考资料

Michael Werz and Laura Conley, "Climate Change, Migration, and Conflict," https://www.americanprogress.org/issues/security/reports/2012/01/03/10857/climate-change-migration-and-conflict/.

[1] United Nations Intergovernmental Panel on Climate Change, *IPCC Fourth Assessment Report: Climate Change 2007*, https://www.ipcc.ch/publications_and_data/ar4/syr/en/spms1.html.

[2] António Guterres, "Maintenance of International Peace and Security: New Challenges to International Peace and Security and Conflict Prevention," United Nations High Commissioner for Refugees Security Council Briefing, http://www.unhcr.org/.

[3] Achim Steiner, "Climate Migration Will Not Wait for Scientific Certainty on

Global Warming," *Guardian,* May 11, 2011, https://www.theguardian.com/environment/2011/may/11/climate-change-scientific-evidence-united-nations.

[4]　See figure 1.1: Peter T. Doran and Maggie Kendall Zimmerman, "Examining the Scientific Consensus on Climate Change," *EOS Transactions: American Geophysical Union* 90, no. 3 (2009): 22–23; William R. L. Anderegg et al., "Expert Credibility in Climate Change," *Proceedings of the National Academy of Sciences* 107, no. 27 (2010): 12107–12109; Cook et al., "Quantifying the Consensus on Anthropotenic Global Warming in the Scientific Literature," *Environmental Research Letters* 8 (2013): doi:10.1088/1748–9326/8/2/024024.

[5]　"Migration, Environment and Climate Change: Assessing The Evidence," International Organization on Migration, edited by Frank Laczko and Christine Aghazarm, 2009, http://publications.iom.int/system/files/pdf/migration_and_environment.pdf.

[6]　United Nations Intergovernmental Panel on Climate Change, *Climate Change 2013: The Physical Science Basis*, http://www.ipcc.ch/report/ar5/wg1/.

[7]　Steiner, "Climate Migration."

[8]　Lester Brown, *World on the Edge* (New York: W. W. Norton, 2009), 73.

[9]　Rob Young and Orrin Pilkey, "How High Will Seas Rise? Get Ready for Seven Feet," *Yale Environment 360*, January 14, 2010.

[10]　Brandon Miller, "Expert: We're 'locked in' to 3-Foot Sea Level Rise," CNN.com, last modified September 4, 2015.

[11]　James Hansen, *Storms of My Grandchildren* (New York: Bloomsbury, 2009), 259. Hansen believes the beginning of these storms is at hand. See James Hansen et al., "Ice Melt, Sea Level Rise and Superstorms: Evidence from Paleoclimate Data, Climate Modeling, and Modern Observations That 2 ℃ Global Warming Could Be Dangerous," *Atmospheric Chemistry and Physics* 16 (2016): 3761–3812.

[12]　Melanie Gade, "Sea Level Rise Accelerating in U.S. Atlantic Coast," *US Geological Survey*, June 24, 2012, https://soundwaves.usgs.gov/2012/10/research.html.

[13]   Jeff Goodell, "Goodbye, Miami," *RollingStone.com*, June 20, 2013.

[14]   Chris D'Angelo, "Sea Level Rise Could Displace 13 Million Americans," *Huffington Post*, March 16, 2016.

[15]   "Sea Level Rise Will Swallow Miami, New Orleans, Study Finds," *Phys.org*, October 12, 2015.

[16]   Andrea Appleton, "Thirsty Planet," *Johns Hopkins Health Review* Spring/ Summer, 2015, 2: no. 1.

[17]   "Water in a Changing World," *UNESCO Forum*, Istanbul, Turkey, March 16, 2009.

[18]   James Murray, "Study Warns Global Rivers Are Drying Up," http://www. businessgreen.com/bg/news/1801434/study-warns-global-rivers-drying.

[19]   Murray, "Global Rivers Are Drying Up."

[20]   Shane Harris, "Water Wars," *Foreign Policy,* September 18, 2014, http:// foreignpolicy.com/2014/09/18/water-wars/.

[21]   Peter Gleick quoted in Michael Klare, "Wars for Water?" *Newsweek*, April 15,2007.

[22]   Rafael Reuveny, "Climate-Induced Migration and Violent Conflict," *Political Geography* 26, no. 6 (2007).

[23]   Reuveny, "Climate-Induced Migration."

[24]   Brahma Chellaney, Ashley J. Tellis, "A Crisis to Come? China, India, and Water Rivalry," the Carnegie Endowment for International Peace, September 13, 2011, http://carnegieendowment.org/2011/09/13/crisis-to-come-china-india-and-water-rivalry-event-3362.

[25]   Ed King, "Climate Change Could Lead to China-India Water Conflict," *Climate Home,* http://www.climatechangenews.com/2014/06/11/climate-change-could-lead-to-china-india-water-conflict/.

[26]   *Economist,* "Sin Aqua Non," April 8, 2009, http://www.economist.com/ node/13447271.

[27]   Lizzie Collingham, *The Taste of War: World War Two and the Battle for Food*

(London:Allen Lane, 2010), quoted in "Marching on Their Stomachs," *Economist,* February 3,2011, http://www.economist.com/node/18060808.

[28] Food and Agriculture Organization of the United Nations, *The State of Food Insecurity in the World 2015,* http://www.fao.org/hunger/key-messages/en/.

[29] Jodi L. Jacobson, "Environmental Refugees: A Yardstick of Habitability," *Bulletin of Science, Technology and Society*, 8 (1988): 257–258.

[30] Nicholas Stern, *Stern Review on the Economics of Climate Change* (London: HM Treasury, 2006).

[31] James Owen, "Himalayan Forests Vanishing, Species May Follow, Study Says," *National Geographic*, May 30, 2006.

[32] Joanna Zelman, "50 Million Environmental Refugees by 2020, Experts Predict," *Huffington Post*, May 25, 2011.

[33] Justin Lahart, Patrick Barta and Andrew Batson, "New Limits to Growth Revive Malthusian Fears," *The Wall Street Journal*, March 24, 2008.

[34] Peter Rogers, "Running Out of Water: Or Just Another Six-Point Plan to Resolve the Water Crisis?" Oxford Martin School Seminar, December 3, 2010. Archived at the London Water Research Group: https://lwrg.wordpress.com/news/archived/.

[35] Paul Krugman, "Droughts, Floods, and Food," *New York Times*, Feb ruary 6, 2011.

[36] UN Intergovernmental Panel on Climate Change Report, *Climate Change 2007: Impacts, Adaptation, and Vulnerability. Contribution of Working Group II to the Fourth Assessment Report of the Intergovernmental Panel on Climate Change*, M. L. Parry, O. F. Canziani, J. P. Palutikof, P. J. van der Linden, and C. E. Hanson, eds. (Cambridge, UK:Cambridge University Press, 2007).

[37] United Nations Department of Economic and Social Affairs, *World Urbanization Prospects: The 2014 Revision*, 2014.

[38] Norman Myers and Noel Brown, "The Role of Major Foundations in the Implementation of Agenda 21: The Five-Year Follow-Up to the Earth Summit," report to the Earth Council, n.d., http://www.grida.no/geo/GEO/Geo-1–019.htm.

[39] International Organization for Migration, *Migration, Environment, and Climate Change: Assessing the Evidence* (Geneva: International Organization for Migration, 2009), 17.

[40] Rafael Reuveny, "Climate-Induced Migration Migration and Violent Conflict," *Political Geography* 26, no. 6 (2007).

[41] Reuveny, "Climate-Induced Migration," 661.

[42] Jeffrey Mazo, "Darfur: The First Modern Climate Change Conflict," *Climate Conflict: How Global Warming Threatens Security and What to Do about It* (New York: Adelphi Books, 2014), 73–74.

[43] *Economist,* "Cimate Wars," July 8, 2010.

[44] Mazo, "Darfur." 73–74.

[45] Michael Werz and Laura Conley, "Climate Change, Migration, and Conflict," https://www.americanprogress.org/issues/security/reports/2012/01/03/10857/climate-change-migration-and-conflict/.

[46] Ibid.

[47] Norman Myers, *Environmental Exodus: An Emergent Crisis in the Global Arena* (Washington, DC: Climate Institute, 1995).

[48] Camillo Mora et al., "The Projected Timing of Climate Departure from Recent Variability," *Nature* 502 (October 10, 2013): 183–87.

第二章

难民王国

我们正在见证一个范式转变。

——安东尼奥·古特雷斯，联合国高级难民专员

全球治理和气候难民保护

目前，人类经受住了几千年的环境危机考验，但问题是现在的人类行为是否足以在未来幸存。在过去 270 万年里，人类生活在冰河期和温暖期交替的框架内，直到工业时代，全球气候变化的速度都很慢。以前，在气候变化下生存的关键是迁移，但由于气候变化的步伐打破了所有纪录，今天这一战略受到了严重限制。这是个很严重的问题，而且目前还没有找到应对这一挑战的方法。

关于难民的文献经常将移民区分为"临时"和"永久"两类，但是这种区分对于解决环境灾害后续问题没有任何帮助。无论气候变化逃离者的流离失所是不是永久的，在任何灾害情况下他们都需要得到国际社会的支持。正如比尔曼（Biermann）和博厄斯（Boas）指出，联合国是应对难民问题的最大机构，在《1951 年关于难民地位的日内瓦公约》[1] 及 1967 年关于难民地位的议定书框架下开展工作。联合国的工作仅限于帮助因为国家主导迫害的政治难民个体逃离他们的国家，不包括气候难民。联合国仅仅将气候难民称为"国内流离失所者"，并在人权事务高级专员办事处下为他们提供一些项

目。但这些项目更像"创可贴"，不能实现重大改善。目前，联合国的国际机制仅对气候难民提供最低限度的保护，没有具体规定性任务。这是一个在对待贫困人口特别是极端贫困人口发展政策方面以西方为核心的发展政策问题。在建立保护和重新安置气候难民的独立机制之前，联合国的领导层不会产生任何积极影响。

现代历史上，第二次世界大战导致了数量巨大的流离失所的人口。克里斯蒂安·艾德（Christian Aid）指出，第二次世界大战末期，全欧洲约有6600 万人流离失所，中国有几百万人。战胜国对解决"流离失所人员"问题非常乐观。[2]1950 年以后，联合国努力致力于解决欧洲难民问题，但大量的人们依然无家可归。很大程度上来说，第二次世界大战以来的全球历史是国际移民的历史。由于环境和政治灾难，全球流离失所者的数量规模庞大，超过了历史上任何时期。诚然，战争是难民世界的主要驱动力，为气候变化时代影响数百万人创造了先例和环境。

在 20 世纪 30—40 年代，数百万人背井离乡，无家可归，而且常是无国可归。欧洲很少愿意承认自己的难民历史。下面一些数字显示了第二次世界大战时期令人难以置信的欧洲移民流：

战乱中的欧洲移民，1944—1947 年
1940—1945 年　　500 万犹太人从德国流向波兰等地的灭绝营
　　　　　　　　400 万第三帝国时代的德国人流向美国和英国地区
　　　　　　　　270 万德国少数民族从捷克斯洛伐克流向德国
1944—1945 年　　10 万德国少数民族从旧波兰流向德国
1946—1947 年　　600 万第三帝国时代的德国人从新波兰流向德国 [3]

我们看到，除犹太人和第三帝国时代的德国人的人口剧变之外，欧洲大陆还有数百万无家可归者。他们之中，一些人是为了逃离战争，另一些人则是按照政府命令离开。第二次世界大战的大屠杀造成了一个充满问题的世界，充斥着难民、流离失所者和充满怨恨的民族群体。例如，直到 1944 年，罗斯福总统都不愿意去拯救欧洲的犹太难民，他们之中数以百万计的人死

亡。直到经过财政部长小亨利·摩根索的坚定斡旋，总统才不得不面对大屠杀的现实。摩根索的报告标志着美国关于难民政策的转变。罗斯福成立了战争难民委员会，从大屠杀中成功营救了 20 万名犹太人。这是一个令人印象深刻的壮举，但与死亡的数以百万计的人相比，这只是很小的一部分。无论是过去还是现在，"难民"和"移民"这两个词都不受欢迎，因为这两种说法似乎都给有关人士带来耻辱。

难民多年无法获得安置，主要是因为政府不能确认他们的国籍 —— 一个经常令人困惑的复杂的技术问题。自那以后，新的危机一个接一个：印度分裂、以色列建国、匈牙利起义、朝鲜战争和越南战争、中东的持续冲突及非洲的严重干旱。人口普查员很难获得一群游离在边境线的男男女女们的确切数字。

自 20 世纪 50 年代以来，全球难民问题的发展大大加速，超出了所有人的预期。旧的关于难民的定义已经不能很好地适用于当前的现实。1951 年，全世界共有 150 万名难民。2000 年 1 月 1 日，联合国难民事务高级专员办事处认为有 2230 万人"需要引起关注"，加上 1300 万 ~ 1800 万因为战争和环境灾害造成的内部流离失所者，总计 5000 万人。根据联合国难民、妇女和儿童委员会数据，无论官方承认与否，1994 年难民总数是 5700 万。[4] 虽然这是一个最佳的评判数字，但也是一个值得深思的数字（图 2.1）。

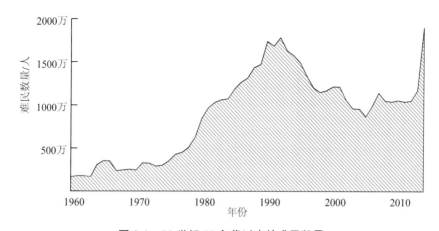

图 2.1　20 世纪 60 年代以来的难民数量

数据来源：联合国难民署在线人口统计数据库。

在世界经济空前全球化的时代，对庇护和重新安置的需求也在日益增加。作为气候迁移的驱动力，经济变化常常被忽视。其主要原因在于，在危机重重的今日欧洲，人们忘记了西欧比大多数亚洲乃至整个非洲富裕得多。通过新的移民调查，耶鲁的经济学家马克·罗森茨魏希（Marc Rosenzweig）指出，"丹麦最穷的 1% 人口的收入要比居住在马里、马达加斯加或坦桑尼亚 95% 的人口的收入高"。[5]10 个非洲国家人口总数达到 1.5 亿人，这些国家的人均国民生产总值（GNP）不增反降，现在的 GNP 比它们独立时还要低。再加上气候变化或自然灾害，人们会欣然前往欧洲这样的地区，因为那里的生活条件更好。[6]计算机已经彻底改变了通信，寻求庇护者可以通过网络知道世界上那些更好的地方。此外，移民学者迈克尔·黑德（Michael Head）指出，"资本丰富、技术先进、军事实力强大的国家和世界其他地区日益扩大的鸿沟助长了对摆脱贫困的权利的需求"。[7]

由于全球的各种环境条件都在下降，气候难民的人数在迅速扩大。美国国家科学院的专家说，作为全球变暖的加速器，海平面上升、洪水和干旱破坏了发展中国家的农业系统，因此难民的数量将增加更多。[8]同时，我们观察到人们迁移的原因往往是他们家乡的环境恶化。环境因素和其他因素一样，造成他们在经济上处于贫困状态。

难民流

这些全球环境难民的流向存在相当大的不确定性，但可以肯定的是，他们将青睐繁荣的西方发达国家，然而这些国家已经越来越排外。联合国难民署配备的 7600 名工作人员，已经从非洲和中东约 3700 万名难民的危机中感受到了压力。再加上数百万气候变化造成的流离失所者，将会极大地耗费联合国和其他政府机构中那些精英们的精力。这无疑是一场治理和管理危机。

西方国家已经在处理难民融入当地社会的问题上一筹莫展。澳大利亚移民部长菲利普·拉多克（Philip Ruddock）敦促联合国难民署在其第 50 次年会上提出减少因政治或环境原因寻求庇护者的权利。[9]拉多克等人指出，在

20世纪的最后几十年里，离开出生国的人口大幅度增加。他们担心，"这种大规模的迁移在21世纪很可能呈指数级增长。越来越多的移民采用非法的入境方式，往往对他们的生命造成极大威胁"。[10]

气候难民是超越单一国家或机构范围的发展政策问题，这些问题充满了情感、伦理和政治争议。人们将如何迁移和定居？是否有可能为环境难民提供临时庇护？这些难民在他们新的居住地有什么集体权利吗？最后，由于目前地球上的很多地区正变得不适合人类居住，谁将支付在重新安置过程中受到影响国家的费用？

虽然世界各国都缺乏对气候难民问题的深入思考，规划气候难民却已经刻不容缓。事实上，一些批评者指出，各国需要挑战的是经济增长的概念本身。不挑战社会公认的对增长的定义，并对这一定义所带来的好处没有任何疑问，气候难民的问题是无法解决的。后碳研究院的专家也是《增长的极限：适应新的经济现实》（*The End of Growth: Adapting to Our New Economic Reality*）一书的作者理查德·海因伯格（Richard Heinberg）曾说，增长的极限实际上已经在显现。[11]石油等化石燃料有限而且是不可再生的，随着地球上主要的石油和天然气资源的耗尽，化石燃料公司正转向采用越来越危险和昂贵的开采方法。风能和太阳能有助于发电，尤其是在农村社区，但他们在解决大城市的拥挤、人口运输及扩大粮食供应等问题上作用不大。面对未来的问题，保持和保护各国的绿色区域，以及维持城市经济增长稳定可能是其关键。各国甚至必须要在能够应对气候难民的冲击之前，就停止他们污染环境和利用空间的发展方式。安大略约克大学经济学家彼得·维克多（Peter Victor）补充说，对发展的测度曾经有很多指标，但现在只涉及经济。[12]如果我们要应对全球人口的大规模流动，我们必须认识到，经济并不能主宰更大的生态系统，自然界的极限日益发挥作用。随着各国开始讨论如何应对气候难民问题，这些观点需要得到妥善的考虑。

希望北方发达国家从目前利己主义的态度转变到为南方比较贫穷的国家开展适应气候变化的项目提供金融支持。[13]现在，我们已经看到经济增长和温室气体排放的脱钩。世界资源研究所2016年报告，自2000年以来近24个国家国内生产总值在增加，但排放量保持平稳或下降，其中包括发达国家和发展中国家。[14]其原因是煤炭和石油等高碳能源替代品的大量使用。关于风能和太阳能等在相关方面取得成功的经济期刊文章比比皆是。

然而，这种乐观或许为时过早。气候倡议组织350.org的记者和联合创始人比尔·麦克基本（Bill McKibben）指出："美国的一种温室气体在减少，但另一种更加邪恶的温室气体可能在增加。"甲烷是天然气的副产品，是一种能吸收更多太阳光线更有效的温室气体。美国和世界其他各地采用高压水砂破裂法（或"水压裂法"）开采天然气引起了人们的关注，甲烷的排放量可能是气候变化新的元凶。[15]

无论如何，全球经济大体上还在像往常一样正常运行。2016年4月，全球各国规划建设中的燃煤发电厂达数百个。[16]如果没有更积极的减少化石燃料使用的行动（包括防止新的化石燃料排放），我们迄今为止所看到的温室气体的减少，将不足以阻止灾难性的气候变化。在拥有大量人口并且能源匮乏的贫穷国家，解决经济发展与化石燃料使用之间的矛盾将需要付出更多努力。按照以前的惯例，煤炭企业正试图建立新的燃煤发电厂，以使发展中国家摆脱贫困。然而，煤炭工厂往往需要新建大量昂贵的配电基础设施，又可能会污染工厂所在的社区。在这些社区里，石油和煤是"廉价"的的想法不仅仅是一场闹剧，因为它忽视了更大的污染排放问题。[17]

联合国对气候变化难民的立场

1951年的《联合国关于难民地位公约》现在仍然是为难民提供法律保护的主要依据。根据联合国人权事务委员会的规定，具有难民身份的人有权在另一个国家避难，除此之外，还可获得相应的援助和帮助，如财政补助金、食物、住房、工具、医疗和收容等。无论是《日内瓦公约》还是1967年联合国人权事务委员会的草案都没有将环境造成的流离失所作为确定难民身份的决定因素。联合国认为，难民是指因为种族、宗教、国籍、政治等因素被迫逃离其所在国家的人。[18]在联合国人权事务委员会的法律程序中，没有提到环境可以成为逃离的理由。然而，环境移民中许多人暂时或永久地放弃了他们的家园，几乎没有希望能够回去。

普遍认为，联合国范围内的难民流动是难以控制和不可预测的，而且不是单个国家能控制的。1967年草案发布以来，为应对难民数量的大幅增加，联合国将难民确定为"特殊"地位，更多地关注个体而不是群体。环境难民与传统移民在国际社会不具备同等法律地位。

考虑到国际社会在战争和其他方面的压力，以及世界范围内的紧张局势，各国很难再将"气候难民"加入批准庇护的名单。联合国的一些官员担心，赋予环境因素造成流离失所者公认的难民身份，会使目前难民保护的《日内瓦公约》严重贬值。对于联合国难民署来说，"气候难民"是一个误称。最近《卫报》的一篇文章认为，有很多理由支持如下观点：对于那些不得不离开的人来说，"气候难民"的地位是没有意义的。[19]"难民"这个词在法律上是有争议的，从文化的角度看，许多移民被称为难民，是对他们的侮辱。难民在世界各地遭遇种族主义和歧视。

东道国政府很少对这种"糟糕的待遇"提出异议。因此，"成为难民就意味着要背上很多包袱……这解释了为什么很多人不喜欢'气候难民'这个词及他们为什么不认为创造'气候难民'这个身份是一个好的解决方案"。恶臭的难民营的故事和拥挤在小船里的照片往往是媒体上通常流行的难民概念。[20]联合国难民署担心自己会被难民大潮淹没。

在联合国难民署资助下，2001年苏塞克斯大学的社会学家理查德·布莱克（Richard Black）发表的一篇文章中，以一种计算重构问题的方式对相关问题进行了探讨。布莱克认为："'考虑到气候难民已经存在'，学术案例的力量往往是非常弱的。""真正有力的证据是在发生更严重环境恶化的时间和地方，人们成为国际移民或本国的永久难民。"此外，布莱克总结说："相比提出关于'环境难民'任何实际的理论或经验的见解，在应对国际组织和学术界的官僚议程方面，学术研究和政策写作还有更多的事情要做。"[21]最后，批评"气候难民"或"环境难民"这些名词的人，开始怀疑提供保护的道德上的必要性，他们认为这是难民所在国家政府要解决的问题。他们很快指出，难民是因为政治、种族或宗教迫害而逃离的人，而所谓环境或气候难民在这方面不满足要求。

定义 "气候难民"

20 世纪后期，难民领域的研究显著增长。[22] 虽然很难确定 "气候难民" 这个学术术语明确的起始日期，但可以肯定地说，"环境" 和 "难民" 这两个词的关联自 1948 年就开始了，最初是用来讨论当时巴勒斯坦难民问题的。"生态难民" 的官方术语由 1976 年世界观察研究所的莱斯特·布朗(Lester Brown) 首次使用。[23]

从那时起，诸如 "环境流离失所者" 和 "环境移民" 等其他术语也开始流行起来。"环境难民" 一词已经存在很长时间了，由于情感和政治上的原因，使得这一词语沉寂于公众意识深处。然而，最近 "气候难民" 的媒体关注度提高，是因为《太阳升起》(*Sun Come Up*)（2010 ）等纪录片的流行而得到了重视。《太阳升起》讲述的是南太平洋卡特雷特岛民由于气候变化，被迫离开祖先的土地，迁移到政治不稳定的新几内亚所罗门群岛布干维尔的故事。[24]

联合国在 1985 年联合国环境计划报告的标题中正式开始使用 "环境难民" 一词。[25] 国际社会对环境退化导致的移民后果的关注日益增强，1990 年联合国气候变化第一届跨政府委员会出版物中强调指出："气候变化的最严重的影响，可能是数以百万流离失所的人口的迁移。"[26]

在这份报告中难民署为避开 "难民" 一词的法律问题，提出了 "环境流离失所者" 一词。正如我们所见，"难民" 指的是人权被侵犯、受迫害的人。地震、洪水、干旱等可能是有害的，但按目前的定义，他们不符合 "迫害" 的要求。"难民" 一词在技术上指的是已经越过国际边界的人。

在本书中，我们将 "环境难民" 和 "气候难民" 定义为那些因为海平面上升、极端天气事件、干旱和缺水等灾害，出现危险或生活质量受到严重影响，而不能在他们原来的家园获得安全生活的人们。在定义了什么是环境难民之后，我们需要进一步对其进行分类，他们的迁移是被迫的还是计划好的？环境退化是否是他们迁移的主要原因，还是仅仅是一个原因？或者这个术语仅仅是一个政治上正确的 "无证移民" 的概念？这些术语对在国境内产生的难民没有些许帮助。然而 "内部流离失所者" (IPDs) 的数量在最近成倍增加（图 2.2）。因此，我们的立场是拒绝联合国目前使用的狭隘的"难民"定义，我们倾向于更具包容性的、考虑环境因素的定义。

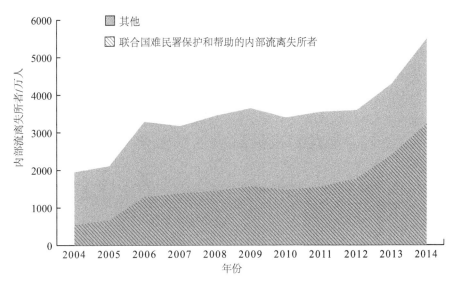

图 2.2　过去 10 年内部流离失所者的比例

数据来源：联合国难民署。

在一个不断变化的世界中，我们可能不得不改变对"难民"一词的传统理解，以适应我们对新情况的新认识，并应对可能出现的新状况。一直到 2003 年年底，法兰克福的德意志银行研究人员将未来政治和环境难民涌入欧洲视为"童话"。该银行在报告中指出，对欧洲工业化国家移民的大规模增加的担忧是没有根据的。[27] 随着 20 世纪的衰落，德意志银行的观点反映了许多西方领导人的意见，他们对于即将到来的风暴几乎没有准备。虽然政治或宗教难民受到国际法的保护，但人们不知道，哪些公约和政策可以保护极端天气事件中流离失所的人们。

虽然生活在西方发达国家的人不太可能成为气候难民，但突发气候事件，如新奥尔良的"卡特里娜"飓风，也会使大量人口陷入环境难民的境地。事实上，"卡特里娜"飓风幸存者的困境在媒体上引起了一场有趣的讨论，主题是把他们当作"难民"是否是恰当的。"难民"这个称呼受到了杰西·杰克逊（Jesse Jackson）的批评，他说，称"美国公民"为"难民"的人是"种族主义者"。作为对这一批评的回应，包括《华盛顿邮报》和《波士顿全球》等多个新闻机构禁止使用"难民"这个字眼。但也有一些人认为替代术语"撤离者"或"流离失所者"的称呼都不够好，不足以明确地反映现实的情况。《纽约时报》发言人凯瑟琳·马西斯（Catherine Mathis）说："韦伯大辞典将难民定义为逃离'家园'寻求避难的人，对来自'卡特里娜'的苦难军团来说，称他们为'难民'是公正的。"[28]《纽约时报》"从语言学角度来说"（On Language）专栏作家威廉·萨菲尔（William Safire）认为，叫不叫"难民"既无关种族主义、种族歧视，也无关任何方式的贬低。萨菲尔援引布鲁金斯学会高级研究员罗伯塔·科恩（Roberta Cohen）的说法，认为更大的问题是"难民"指的是那些因为"没有得到自己的国家的保护"而越过边境的人。他倾向于用"'卡特里娜'飓风幸存者"和"洪水灾民"的术语来表述。[29]

然而，重要的是贫穷的发展中国家的人口密度高，食物储备短缺，健康问题和政治不稳定，他们将成为环境难民。随着未来的发展，这些气候难民将在非洲、亚洲、拉丁美洲和大洋洲迁移。今天居住在撒哈拉沙漠以南的非洲、印度次大陆、中国、墨西哥和美国中部的环境难民人数最多。其中有1.5亿人面临粮食短缺或者饥荒，1.35亿人受到严重荒漠化的影响，这些地区数以百万计的农民放弃了传统的农田。

正如国际移民组织指出，移民特别是大量移民涌入，也会影响到目的地的环境。城市中的难民营和临时避难所，会对公共卫生和供水方面造成压力，并且通常会使当地的生态系统恶化。[30]此外，这些可能成为城市中心的永久部分的移民具有不同文化背景、说着不同语言，他们主要是老人、穷人和妇女、儿童等构成的边缘群体。并不是所有移民都能应付新环境的压力。由于信息在受影响的人中的传递，许多人将根本不选择迁移，而继续作为国内流离失所的气候难民。

《赫芬顿邮报》指出，"排外者警告说，欧洲的文化面临危险，但欧盟成立的条约要求具有多元性、非歧视性、宽容性、正义性、团结性和男女平等性。这意味着其欢迎难民，并采取措施在尊重他们价值观和身份的前提下，使他们以合适的方式融入其中"。[31]2004年，电影制片人罗兰·艾默里奇

（Roland Emmerich）在电影《后天》的一场戏里戏剧化地讽刺了排外心理造成的潜在后果：美国公民从北方的恶劣气候骚乱和闪电中逃离，结果发现正朝着他们为阻止墨西哥移民建造的栅栏跑去。[32]在欧洲，流离失所的穆斯林移民海啸已经引起公众对政府无力处理当地文化和环境破坏问题的公愤。这主要是因为人们通常难以应付突如其来的危机。最终结果可能是严重增加对移民和少数群体的暴力行为。

国家安全和国际公平

气候难民问题关系国家安全。随着气候的变化，大规模移民带来的国内和跨国界的紧张局势也随之发生。环境的彻底改变导致资源匮乏，加剧社会冲突。例如，脆弱和无力的非洲国家可能因为有毒的水造成大量公共卫生问题。

所有这一切都指向一个简单的事实，即气候变化的根源在于发达国家不愿意或抵制帮助发展中国家应对气候变化挑战及由此产生的国家和国际不平等问题，这可能会导致南北关系的裂痕。此外，气候变化可能对现有政府的有效性和可行性产生深远影响。有专家认为，中国需要在所有的气候变化的讨论中发挥关键作用。据世界银行统计，中国城市污染方面存在比较严重的问题，尤其是空气污染。[33]

联合国大会开始更加重视与环境变化有关的人口迁移和非自愿移民。然而，联合国目前更加关注气候变化的国际安全问题往往集中在物理版图损失、无国籍、文化保护等方面，而不是环境变化对人类日常生活的影响。联合国正在制定相关政策，以使其工作能够适应气候变化问题和易受影响的人口问题，相关工作已在缓慢推进。与此同时，气候或环境难民可能成为我们这个时代最重要的人类危机之一。

因此，尽管有关于术语的争论还在，流离失所的人们仍在迁移，他们仍生活在饱受冲突和环境灾害的国家。没有专门的法律来保护，他们的困境直到最近才引起公众的关注。他们以"国内流离失所者（IDPs）"的称谓出现，但这一称谓几乎使他们无法进入主流新闻媒体的视野。国内流离失所者受制于他们自己的政府，但这些政府往往既无法为他们提供帮助，也敌对或不愿承认来自外来者的帮助。

社会变得越复杂，内部和外部的变化就越脆弱。处理气候难民涌入问题不是一件容易解决的事情。此外，在国际政治舞台上，大量的开支用于武器，以便为解决可能出现的问题提供军事解决办法。从安全、繁荣的美国向外看到的世界是有限的，显然美国本身忽视了许多国际环境问题。

对自然资源争夺的斗争将加剧。围绕宝贵资源及其所赋予的权力和财富的冲突已成为气候迁移的一部分，这一矛盾与种族、宗教和部落矛盾交织在一起。在这个星球上，争夺石油和其他自然资源的斗争是众所周知的。但正如迈克尔·克莱尔在他的著作《资源战争：全球冲突的新场景》（*Resource Wars, The New Landscape of Global Conflict*）中指出的，"正如争夺能源的斗争可能会在世界其他地方爆发一样，水和水的获得将最有可能在未来引起最激烈的冲突，这些冲突将迫使许多人到别处寻求庇护"。[34]

在最糟糕的情况下，一些已经失败的国家，如利比亚和苏丹，可能会崩溃，走向恐怖主义统治。移民群体可能涉及数百万人。来自不同种族和文化背景的移民的到来，可能成为东道国社会和阶级冲突的根源。世界银行经济学家尼古拉斯·斯特恩（Nicholas Stern）坚称，如果东道国是不发达体或正在经历经济问题，[35] 发生冲突的可能性更大，希腊、巴基斯坦、黎巴嫩和印度就是很好的例子。

在区域和全球气候变化背景下，解决移民、流离失所和搬迁问题的体制框架不包含在通常的难民法律之内。国际环境法没有规定，准许因环境灾害或灾害而流离失所的人们进入其他国家。例如，在西非这个环境问题凸显的区域，目前在国际上或西非地区对承认或保护人们在灾难环境下越境的程序没有达成共识，因为西非人口往往会选择迁移，而不是留在环境继续迅速退化的地方从事农业生产。通过先进的农业技术和引进更好的品种进行农村振兴的实践，正面临着重大挑战。

对气候和政治难民国际移民的全球治理比大多数跨国问题更具争议性。例如，乔治城大学的苏姗·马丁（Susan Martin）指出，今天没有一个国家能不受 2.32 亿个有个人议程和野心的国际移民迁移的影响。[36] 管理气候难民，尤其不是单边行动能够做到的。考虑就业和定居问题，安置气候难民不仅要与国家合作，还要与工会、人道主义组织、跨国公司和劳工招募机构合作。

大多数国家不清楚他们想通过移民/难民政策实现什么目标。许多人很难看到在他们中间引入大量移民的短期或长期利益。正如马丁所说："公众舆论对移民的看法也是矛盾的。"相比一些气候难民，其他难民和国际治理问题领域的学者更实际一些。据学者苏姗·马丁的观点，"除非通过已经存在的获得准许的类别，大多数目的地国家的移民政策不利于接收大量环境移民"。[37]

虽然我们知道，世界上有大量难民由于种族冲突、战争和极权主义政权遭受苦难，但这并不能减损我们把难民视为气候变化影响的受害者这一无可争辩的事实。同样，由于地球上的这些严重的环境破坏，我们对气候难民是否是暂时或永久现象的猜测没有多大价值。气候难民与我们在一起，因为我们的气候正在发生重大变化。国际社会对这些转变的反应不够充分，仍处于初期阶段。冷战结束的一个重要后果是权力的分散。美国在世界舞台上虽然仍是占主导地位的角色，但已没有早年的道德影响力和政治影响力。美国处理这些问题的能力因为媒体和国会中的气候怀疑论者变得更为复杂，这些人拒绝承认全球科学界的压倒性共识。同时，恐怖主义是所有负责任的国家行为的一个可怕的存根。目前，没有任何一个政府机构和任何国际权威机构对气候变化带来的移民负责，这就是问题所在。然而，即使全球变暖已经对他们的社区和选民造成了伤害，大多民选官员似乎决心无视，或并未对有关气候变化的事实进行驳斥。

目前，虽然战争和民族主义造成的人口流离失所已经成为现代社会的普遍问题，但难民一直处于我们历史思维的边缘。重新安置的机会往往有限，以至于我们在现代社会看到了难民营的兴起。近年来，无论是源于宗派暴力还是环境变化，全球最大的难民群体并没有被迫离开他们拥有官方公民身份的国家，但都在他们的国家内流离失所。因此，我们看到了现代国际气候移民和新的"难民王国"（国内流离失所者之国）的出现。

参考资料

UNHCR, "Worldwide Displacement Hits All-Time High as War and Persecution Increase," http://www.unhcr.org/news/latest/2015/6/558193896/worldwide-displacement-hits-all-time-high-war-persecution-increase.html.

[1] Frank Biermann and Ingrid Boas, "Climate Change and Human Migration: Towards a Global Governance System to Protect Climate Refugees," http://www.globalgovernancewatch.org/library/doclib/20160205_Climate Changeand Human Migration.pdf.

[2] "Human tide: the real migration crisis," Christian Aid, May 2007, https://www.christianaid.org.uk/Images/human-tide.pdf.

[3] Michael Marrus, *The Unwanted: European Refugees from the First World War through the Cold War* (Philadelphia: Temple University Press, 2001), 299.

[4] Report of the United Nations High Commissioner for Refugees, New York:United Nations, January 1, 1995.

[5] Branko Milanovic, "The Economic Causes of Migration," *The Globalist*, October 22, 2013.

[6] Guillermina Jasso, Douglas S. Massey, Mark R. Rosenzweig, and James P. Smith, "The New Immigrant Survey in the US: The Experience over Time," Migration Policy Institute, January 2003.

[7] Michael Head, "Refugees, Global Inequality, and a New Concept of Citizenship," *Australian International Law Journal* (2002): 59.

[8] Colin P. Kelly, Shahrzad Mohtadi, Mark A. Cane, Richard Seager, and Yochanan Kushnir, "Climate Change in the Fertile Crescent and Implications of the Recent Syrian Drought," *Proceedings of the National Academy of Sciences* 112, no. 11 (2015).

[9] See Paul Daley, "How Ruddock Urged Europe to Get Tougher," http://www.theage.com.au/articles/2002/07/20/1026898930680.html.

[10] Bruno Rego, "Environmental Citizenship as Anthropology of Hope: A Tale of a Realistic Utopia," Transaction Papers, 13th Annual Conference, Environmental Justice

and Citizenship, Mansfield College, Oxford, July 2014.

[11] Richard Heinberg, *The End of Growth: Adapting to Our New Economic Reality* (New York: New Society Publications, 2011).

[12] Peter Victor, "Questioning Economic Growth," *Nature* 468 (November 18, 2010): 370.

[13] Heinberg, *End of Growth;* Eben Fodor, *Better Not Bigger* (New York: New Society Publishers, 2007); Peter Victor, *Managing without Growth, Slow by Design* (Northampton, MA: Edward Elgar Publishers, 2008).

[14] Nate Aden, "The Roads to Decoupling: 21 Countries Are Reducing Carbon Emissions While Growing GDP," World Resources Institute, April 5, 2016.

[15] Bill McKibben, "Global Warming's Terrifying New Chemistry," *The Nation*, March 23, 2016.

[16] Brad Plumer, "Hundreds of Coal Plants Are Still Being Planned Worldwide—Enough to Cook the Planet," Vox, updated April 5, 2016.

[17] Denise Robbins, "Experts Debunk the Coal Industry's 'Energy Poverty' Argument against the Pope's Climate Action," Media Matters, July 6, 2015.

[18] UNHCR, Convention and Protocol Relating to the Status of Refugees (1952), chapter I, article 1, section A, subsection (2).

[19] Alex Randall, "Don't Call Them 'Refugees': Why Climate-Change Victims Need a Different Label," *Guardian*, September 18, 2014.

[20] Alex Randall, "Don't Call Them 'Refugees'; Michael Werz and Laura Conley, "Climate Change, Migration, and Conflict: Addressing Complex Crisis Scenarios in the 21st Century," Center for American Progress, January 2012.

[21] Richard Black, "Environmental Refugees: Myth or Reality," New Issues in Refugee Research, Working Paper No. 34, UNHCR, March 2001.

[22] Richard Black, "Fifty Years of Refugee Studies," *International Migration Review* 35, no. 1 (Spring 2001): 57.

[23] Lester R. Brown, Patricia L. McGrath, and Bruce Stokes, *Twenty-Two Dimensions of the Population Problem*, Worldwatch Paper 5 (Washington, DC: Worldwatch Institute,

March 1976).

[24] http://redantelopefilms.com/project/sun-come-up/.

[25] Essam El-Hinnawi, *Environmental Refugees* (Nairobi: United Nations Environment Programme, 1985).

[26] Intergovernmental Panel on Climate Change (IPCC), *Policymakers' Summary of the Potential Impacts of Climate Change*, 1990, (Geneva: IPCC Secretariat, 1990), 20.

[27] Deutsche Bank Research, "International Migration: Who, Where, and Why?" *Current Issues*, August 1, 2003, 4.

[28] "Calling Katrina Survivors 'Refugees' Stirs Debate," Associated Press, September 7, 2005.

[29] William Safire, "Katrina Words*,*" *New York Times*, September 18, 2005.

[30] International Organization for Migration, "Migration, Climate Change, and the Environment," https://www.iom.int/sites/default/files/our_work/ICP/IDM/iom_policybrief_may09_en.pdf.

[31] Judith Sunderland, "Fear and Loathing of Refugees in Europe," *Huffington Post,* February 9, 2016, http://www.huffingtonpost.com/judith-sunderland/fear-and-loathing-of-refu_b_9188204.html.

[32] Etienne Piguet, "Climate Change and Forced Migration," New Issues in Refugee research, Research Paper No. 153 (UNHCR, 2008).

[33] Christine Lagorio, "The Most Polluted Places on Earth," CBS Evening News, June 6, 2007.

[34] Michael T. Klare, *Resource Wars: The New Landscape of Global Conflict* (New York: Henry Holt, 2001), xi.

[35] Nicholas Stern, *The Stern Review on the Economics of Climate Change*, (London: London School of Economics, 2006).

[36] Susan Martin, *International Migration: Evolving Trends from the Early Twentieth Century to the Present* (Cambridge, UK: Cambridge University Press, 2014).

[37] Susan Martin, "Climate Change and International Migration," Institute for the Study of International Migration, June, 2010, p.3.

第二部分

压力点和区域分析

第三章

当你的国家被淹没了会怎样?

如果你的国家面临消失的威胁，你会怎么做?

——埃内尔·索本嘉（Enele Sopoaga），图瓦卢总理，2014年12月在秘鲁利马举行的联合国气候峰会上的发言

对于那些熟悉"气候变化难民"一词的人来说，太平洋岛屿可能第一个出现在脑海中。被一望无际的大海环绕的太平洋原始海滩上，有数百个地势低洼的小岛国，它们很漂亮，是主要的旅游目的地，但我们看到全球变暖很容易危及这些国家。随着海洋缓慢但不可避免地以越来越快的速度上升，这些国家的土地一寸一寸地消失了。海平面上升是气候变化的一个明确而不容争辩的结果。如果气候变化继续有增无减，海潮将继续蚕食更远的岛屿海岸，可能使数百个岛屿从地图上消失，将来可能需要重新制作地图和地球仪。

上升的海平面：缓慢的危机和巨大的后果

气候变化对不同地区的影响完全不同，很难把握。一些地区将出现严重的干旱，而另一些地区将面临足以摧毁整个工业的洪水和风暴。在平均气温上升的情况下，极地低涡减弱，寒冷地区的冬季天气也将变得更加极端。科学家将全球变暖与季风、热浪、风暴、珊瑚白化、暴风雪，甚至不断增加的鲨鱼攻击事件联系起来。科学往往从不同的角度进行预测，但有一个影响在

全世界都是一样的：全球变暖导致海平面上升。

全球海平面正缓慢而稳步地上升，每年大约上升 0.1 英寸。[1] 据美国国家海洋和大气协会（NOAA）计算，海平面以每年 0.12 英寸的速度上升，比过去 90 年上升的速度快两倍多。[2] 海平面每一次上升都会使潮水进一步侵蚀海岸，威胁着世界各地的沿海家庭和社区。据 2013 年的保守估计，预计到 2100 年海平面将上升 1 ~ 3 英尺。但现在这些预测已经过时，海平面预计将在 21 世纪末上升 3 ~ 6 英尺。[3] 似乎每一项新的关于冰盖融化和海平面上升的研究都描绘出比之前更可怕的景象。

两个主要因素导致了海平面的空前上涨，二者都与全球变暖有关。一个因素是冰盖融化。冰川、极地冰帽和巨大的冰盖正在升温，每年释放更多的水。对全球变暖的标准描述往往包括冰川消失的图像——从亚洲的喜马拉雅山，到非洲的乞力马扎罗山，到落基山脉的冰河国家公园。冰川融化导致了径流的过剩，最终流入海洋，导致海平面上升。南极和格陵兰岛顶部的巨大冰原正在加速融化。南极洲尤其令人担忧，其巨大的冰架可能会破裂并崩塌入海中。[4] 事实上，拯救南极洲西部冰架可能已经踏上了"不归路"。一旦冰架离开陆地，就会漂浮在海里，并造成海平面上升。[5]

现在是区分海冰和陆地冰的好时机。"海冰"是指在海洋中自由漂浮的冰帽和冰川。"陆地冰"是指固定在大陆板块上的巨大冰盖和冰川。北极仅由海冰构成，而南极则覆盖着大量的陆地冰。两极对全球变暖的影响形成了鲜明的对比。北极冰层正在以惊人的速度融化，造成许多至关重要的北极物种的栖息地消失，但这并没有导致海平面上升。可以把北极视为一杯水里的一个大冰块，当冰块融化时，杯子里的水含量不会改变。但是南极更像是一个放在已经盛满了水的杯子上的巨大的冰块，当它融化时，杯子里的水就会溢出。

事实上，南极的冰正在增加（温暖的空气导致更多的降水以雪的形式堆积在冰盖上），但全球变暖最终会扭转这一趋势。南极西部冰盖的 6 个关键冰川把冰释放到海里的速度比降雪累积的速度快得多。一个叫思韦茨（Thwaites Glacier）的冰川在慢慢崩溃，这可能使更多的冰川变得不稳定，这意味着南极目前数量巨大的陆地冰将来有一天会变成海冰，造成海平面上升。未来 200 年，仅这 6 个南极冰川——思韦茨、派恩艾兰（Pine Island）、海恩斯（Haynes）、波普（Pope）、史米斯（Smith）和科勒（Kohler）将使海平面上升 4 英尺。虽然过程缓慢，但这无疑是一场危机。

海平面上升的另一个因素是海洋膨胀。大部分全球变暖都被海洋吸收，导致海洋膨胀。这是一个简单的物理现象：当水变热时，分子运动得更快，分子间距离也变得更远，海水体积增大。

过去几十年来，全球变暖的大部分热量都被束缚在海洋中。当你听到一些人谈论最近全球变暖的"减缓"（通常这些人试图质疑气候变化）时，他们往往指的是地表空气温度，而不是整个地球的温度。温室气体燃烧产生的热量 90% 被海洋吸收，海洋的热储存量比大气大得多（图 3.1）。[6]

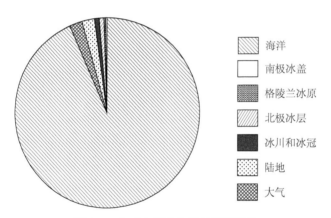

图 3.1　全球变暖大多数被海洋吸收

数据来源：1993—2003 年全球变暖（IPCC 计算）AR4 5.2.2.3。

根据罗格斯大学（Rutgers University）研究人员做的一项研究显示，海洋过去 1 万年里以前所未有的速度变暖了 15 倍。这项研究的作者解释说，海洋是热量和能量的"仓库"，这种储存潜力可能有助于减缓全球气温变暖速度。虽然这个仓库的容量有限，至少"这可能会给我们带来一些适应气候变化的时间"，据这项研究的第一作者亚尔·罗森塔尔（Yair Rosenthal）所言，"但这并不能阻止气候变化"。[7]

当海洋的变暖与冰川和冰盖的融化相遇时，海平面上升的事实确实非常令人担忧。最保守的估计是海平面将上升 1 ~ 4 英尺，而新近的估计要高得多，几乎可以肯定地势低洼岛屿将被完全淹没。这些岛屿在完全淹没在海洋中之前，仍将面临海平面上升的极端破坏。每一次风暴潮或涨潮都会慢慢冲刷掉岛上的土地。远在海滩被海平面淹没之前，风暴和潮汐会侵蚀海滩，虽然是短暂性的，但会对食物来源和居民的房屋带来威胁。[8]

飓风：掠过的威胁

当海平面缓慢上升时，异常的气旋掠过太平洋，轻而易举地越过太平洋岛屿。关于全球变暖是否会导致飓风更频繁地发生，目前还没有很好的共识，但随着海平面继续上升，它们肯定会变得更加极端。海水上涨会造成更大的风暴潮和洪水，淹没岛上的村庄，给社区带来无法修复的破坏。

2015 年 3 月，飓风"帕姆"席卷澳大利亚东北部美拉尼西亚地区的太平洋岛屿，风速高达每小时 200 英里。飓风第一个通过图瓦卢（Tuvalu），该国进入紧急状态，约有 4000 人被疏散，约占其人口总数的一半。[9] 几天后，飓风袭击了斐济西部的岛国瓦努阿图（Vanuatu），这是一个由分布广泛的 13 个大岛和 70 个小岛组成的火山群岛。瓦努阿图只有约 26 万人，而飓风"帕姆"已经使 3300 人被迫转移。[10]

当像"帕姆"这样的 5 级飓风爆发时，太平洋岛屿面临的全球变暖所带来的所有威胁相互叠加，将一次性爆发。强风和暴雨把屋顶撕扯下来，房屋被夷为平地，甚至水泥建筑物也不能幸免。在瓦努阿图首都，90% 的建筑物和房屋被毁，风暴潮淹没了整个海滩和村庄多日，为未来海平面上升提供了真实写照。瓦努阿图总统鲍德温·朗斯代尔（Baldwin Lonsdale）将毁灭性飓风归因于气候变化："我们看到海平面上升……飓风季、气温、降雨等所有这些都受到影响……因为气候变化，这一年我们比过去任何年份都遭遇更多。"[11]

事实上，海平面上升与飓风的影响之间有直接联系。海平面升高引起风暴潮破坏更多陆地并向内陆深入。随着大气和海洋继续变暖，飓风将变得更强。海面温度升高，水蒸气增加带来降水量增加。温度每升高 1℃，飓风带来的降水预计可增加 8%。[12]

针对"帕姆"，瓦努阿图的塔卡拉村（Takara）做出了一个大胆的举动：搬迁到更高的地方。村主任本杰明·塔玛拉（Benjamin Tamata）告诉美联社，他计划将村民安置在 1000 英尺高的内陆，以避免海平面上升的影响。他指出，许多村民躲避在学校以逃离风暴，但这不是长久之计，他们需要一个长期解决方案。[13]

塔卡拉村村民的决定并不是唯一的个例，近 10 年前，在瓦努阿图莱特乌岛（Leteu）的泰瓜村（Tegua）的居民为了躲避海平面上升被迫迁居内地。海潮每年淹没村庄 5 次，经常带来危及生命的险情。2005 年，这个大约 100 人的村庄迁移到 0.5 千米外内陆山区的高地。联合国环境规划署表示，泰瓜村即使不是第一个，也是最早因为气候变化的危害而使村民迁移出去的村庄之一。[14]

马尔代夫：典型的气候变化代言人

如果太平洋岛屿是典型的气候难民问题代言人，那么马尔代夫的前总统穆罕默德·纳希德（Mohamad Nasheed）就是代言人的脸。马尔代夫的平均海拔高度为 7 英尺，面对气候变化他们面临的直接危险是显而易见的。事实上，该国因为面对气候变化而采取立场而著名。

年轻而有感召力的纳希德在担任总统期间，曾在出席联合国会议各国代表面前慷慨陈词，使全球更加关注马尔代夫的困境。2009 年，哥本哈根的联合国气候大会之前，纳希德安排召开内阁会议并签署文件，呼吁各国削减大气变暖的温室气体排放。事件本身并不一定具有新闻价值，但会议召开地点很特殊：在水下 15 英尺，11 名穿上潜水服的内阁部长参加会议，他们在水下用手势和白板交流，周围是浮潜的记者。纳希德说："我们现在想发出我们的信息，让世界知道马尔代夫正在发生什么，如果不正视气候变化，马尔代夫未来将会发生什么……如果今天马尔代夫不能被拯救，我们认为世界

上其他地方也不会有太多的机会。" [15]

纳希德让气候难民进入了全球媒体的讨论议题。2012年，他告诉《悉尼先驱晨报》（*Sydney Morning Herald*），14个马尔代夫群岛的岛屿已经由于被侵蚀而遭遗弃。他和他的政府正采取措施，探索全国搬迁计划的现实可能性，包括从旅游收入中设立一个主权储蓄账户。为应对海平面上升的问题，很多岛屿国家一直在考虑移民计划，马尔代夫设立储蓄账户的举措更是提前一步。纳希德告诉《悉尼先驱晨报》，他想在澳大利亚购买大片土地，因为他不想让他的人民数年甚至数十年以难民的身份在"帐篷"里生活。[16]

不幸的是，纳希德已经不再是总统。在他任总统前后，穆蒙·阿卜杜勒·加尧姆（Maumoon Abdul Gayoom）在马尔代夫进行独裁统治，该国一直面临政治问题。因为纳希德逮捕了国家的刑事法庭首席法官，后来在2013年总统竞选中又输给了加尧姆同父异母的兄弟亚明·阿卜杜勒·加尧姆（Yameen Abdul Gayoom），他在民众抗议中下台。[17]纳希德将这事件定义为政变。[18]他后来因恐怖主义的罪名被逮捕，这是马尔代夫历史上一个积极的时代的不幸结局。

因为纳希德的行动，马尔代夫成为最著名的气候难民国家之一。然而，马尔代夫肯定不是唯一面临气候难民问题的国家。数以百计的低洼岛国面临着海平面上升带来的同样的生存威胁，这可能最终将它们从这个星球上抹去。其他一些岛屿实际上可能会成为第一批官方气候变化难民的家园，最引人注目的是基里巴斯（Kiribati）。

基里巴斯：世界上第一批气候难民

基里巴斯和新西兰之间一个引人注目的难民法律案件有可能成为如何从难民的角度应对气候变化方面的新突破。冒着被驱逐出新西兰的风险，基里巴斯人伊奥尼·泰提奥塔（Ioane Teitiota）提起了诉讼，成为世界上第一个气候难民，他呼吁新西兰政府允许他留下来。

与许多地势低洼的岛屿一样，基里巴斯周围有一堵高几英尺的海堤，用来防止风暴潮来时海浪带来的洪水淹没海岸线和侵蚀陆地。但是，风暴潮和海浪潮摧毁了部分海堤，4 年中两次淹没了泰提奥塔家的院子，于是他们决定打包走人。2007 年，泰提奥塔和他的妻子安瓜·艾莉卡（Angua Erika）使用工作签证搬到新西兰。4 年后，他们有了 3 个孩子，由于签证到期，他呼吁新西兰政府延长他的签证。他的律师迈克尔·基德（Michael Kidd）认为，这应该是个比一个家庭申请延长签证更引人注目的故事——最终演化成一个关于气候变化难民的案件。[19]

在新西兰，泰提奥塔更完整地了解到了他的岛屿面临持续的威胁。在新西兰，也有过类似的逃离基里巴斯的案件，但未获得成功。泰提奥塔决定采用一种独特的方式处理自己的移民案件，使其和气候变化建立关联。他的律师提出，泰提奥塔一家已经遭受了由于工业化国家未能进行温室气体排放检查造成的迫害。

这场法律斗争持续了好几年。在法庭上，泰提奥塔列举了基里巴斯人生活的永无止境的艰苦恶劣的环境条件。基德强调，这是间接迫害的结果。他们的案件被新西兰高等法院和上诉法院驳回。但在每一次拒绝后，基德都会再次提出上诉，为泰提奥塔和他的家人谋求难民身份。每一次诉讼都会突出气候变化是造成负责泰提奥塔家庭的难民身份的主要原因。如果法院裁定对他们有利，案件将会带来巨大的全球影响。这个案件最终上诉至新西兰最高法院，泰提奥塔一家要求作为气候变化难民而永久居住在新西兰。但是，2015 年 7 月遭到拒绝。[20] 新西兰法院认为，泰提奥塔一家不符合"难民"的定义。在 1951 年关于难民地位的公约中有如下定义："基于一种可以证明成立的理由，因为种族、宗教、国籍、身为某一特定社会团体的成员或具有某种政治见解的原因而畏惧遭受迫害并身在其本国之外，并由于这样的畏惧而不能或不愿意受该国保护的人。"[21] 和许多基里巴斯人一样，他们无法根据难民法获得保护，他们只是不适合已经存在了半世纪之久的旧的"难民"定义。

最终新西兰政府驱逐了泰提奥塔，他于 2015 年 9 月回到基里巴斯。但不到一个星期后，东帝汶前总统若泽·拉莫斯·奥尔塔（José-Ramos Horta）就为泰提奥塔和他的家人在这个东帝汶岛国安了家。奥尔塔（Horta）为泰提奥塔一家提供了飞往东帝汶的机票，并帮助伊奥尼找到了一份工作。[22]

基里巴斯的汤安诺（Anote Tong）总统没有坐等法律上对"气候变化难民"定义的改变，而是提前就采取行动。基里巴斯约有10万人，国土面积仅为313平方千米。[23] 基里巴斯近年来面临严重的风暴和洪水威胁，食物和饮用水供应都受到威胁。作为应对措施，基里巴斯总统在斐济购买了超过5000英亩的土地。短期来看，如果基里巴斯的土地因海水侵蚀而贫瘠，斐济的土地就可以用来种植粮食；长远来看，这些土地可以用来安置基里巴斯人，基里巴斯人称为"有尊严地移民"。灾害诱发的跨边境转移南森倡议的代表之一沃尔特·凯林（Walter Kaelin）认为，这是一个明智的举动："他们希望或多或少能够选择去哪里生活。从这个意义上说，他们想继续主宰自己的命运。"[24]

汤安诺总统为一个岛国如何主动采取行动应对气候变化提供了一个富有进取心的例子。除了对最坏的情况有计划外，他还要求各国更加努力地减轻对气候变化的影响。他呼吁全球范围内禁止新建煤矿，这将在未来减少碳排放方面取得重大进展。2015年12月联合国气候变化框架公约（UNFCCC）在巴黎签署之前，汤安诺总统写信给世界各国领导人，信中说："让我们一起作为一个全球性的社区现在就采取行动……我敦促你们支持这一呼吁，暂停新煤矿建设和旧煤矿扩建。"[25] 在这次会议上，各国达成了一项具有里程碑意义的国际气候变化协议，但为了防止海平面上升的最坏情况发生，世界需要在今后几年加大应对气候变化的努力。

图瓦卢：另一个激起涟漪的难民案件

另一个引人注目的难民法庭案件也引发了媒体的讨论。在这个案件中，西格奥·阿莱萨纳（Sigeo Alesana）和他的家人逃离危险的岛国——图瓦卢，并在新西兰获得居留权。然而，本案件与泰提奥塔一家人的案件之间有一个关键区别，泰提奥塔和他的律师提出气候变化是诉讼的核心，而阿莱萨纳一家用另外的手段来支持自己的案例。这导致了专家质疑阿莱萨纳一家是否真的可以被称为"气候难民"。

图瓦卢位于澳大利亚和夏威夷之间，平均海拔约 2 米。专家预测它会在未来 30 ~ 50 年消失。[26]2007 年阿莱萨纳和家人从图瓦卢逃到新西兰，2009 年丧失了法律地位，无法获得工作签证。2012 年他们申请了难民身份，自称在图瓦卢受到气候变化威胁。这个案件最初被驳回，但最终 2014 年获得批准，新西兰移民和保护法庭给予了他们永久居留权。法庭明确提到气候变化是一个决定因素，其中写道："阿莱萨纳的孩子尤其容易受到自然灾害和气候变化的不利影响。"[27]

然而，法庭考虑到了其他因素，最重要的是家庭关系。《华盛顿邮报》报道说，这种处理"避免了对气候变化是否足以作为难民被授予居留权的依据做出明确决定"。[28]

关于气候变化本身是否在阿莱萨纳一家的居留权的获得上起到决定作用是有争议的。一些专家认为，这一事件不会影响未来潜在的气候变化难民的处境。奥克兰理工大学法学院法学高级讲师弗农·赖夫（Vernon Rive）说，"我不认为这为气候变化提供了任何'裁决'"，"这一决定并没有为来自基里巴斯、图瓦卢和孟加拉国的可能因为气候变化影响而饱受苦难的人们打开大门"。[29]然而，事实上，法院的判决中提到气候变化已经引起了移民和环境专家的关注，《华盛顿邮报》称之为"具有里程碑意义的裁决"，这可能标志着图瓦卢难民和其他地方类似案件涟漪的开始。[30]

马绍尔群岛：注定要移民

美国有线电视新闻网的约翰·萨特（John Sutter）报道："如果我们的地球升温 2℃，马绍尔群岛可能就不会存在。这是气候变化最明显的不公正现象之一。"[31]

马绍尔群岛在赤道附近，略超过国际日期变更线，由 24 个相连的低洼环礁组成，将近 7 万人生活在众多的岛屿和小岛上，这些岛屿的平均海拔高度不到 3.5 英尺，被列为气候变化下最濒危的岛屿。马绍尔群岛总统克里斯托弗·罗伊克（Christopher Loeak）认为，"太平洋中部的气候变化已经来了"

除非西方发达国家在 2050 年之前创造一个无碳世界，否则"海堤再高也无法拯救我的国家"。[32]

这些岛屿是长期备受瞩目的"2015 年美国有线电视新闻网调查"的主题，被称为"2℃"。萨特在这项调查中检验，如果气候变暖 2℃，我们的世界将会是什么样子，"2℃是公认气候变化的危险门槛"。[33] "2℃"系列专题由美国有线电视新闻网提交观众投票表决。第一个故事的主题就是太平洋岛屿气候变化难民。主流媒体听众就气候变化难民问题进行投票是我们这个时代最重要的议题之一，仅此一点就标志着人们对气候变化难民问题反应的变化，以及他们想深入了解。10 年前，美国有线电视新闻网的观众不太可能意识到这个问题。

萨特的《气候变化难民报告》开始于一个家庭，他们在午夜醒来，家中充满了咸咸的海水，报告详细说明了他们的社区如何受到涨潮和海平面上升的威胁。报告中指出，许多家庭无法应付不断泛滥的洪水，已经决定搬走。萨特发现，政府和科学界对有关马绍尔群岛等岛屿的必然命运讨论表现冷淡，这令他感到惊讶。[34]

同时，与呆板的国际谈判和科学报告形成鲜明对比，各个国家本身对这个问题非常重视，都在对气候政策、可能的选择及随之而来的影响开展研讨。目前，一个奇怪的迁移事件正在发生——从马绍尔群岛到阿肯色的斯普林代尔。马绍尔群岛有 6.8 万人，目前 15% 居住在斯普林代尔，这是马绍尔人在马绍尔群岛以外的最大的聚居地。这里的生活可能跟他们在马绍尔群岛的生活差距很大，可以把斯普林代尔当作一个"内陆地"。[35] 马绍尔群岛在当地成立了一个领事办公室。一些马绍尔人从事家禽业工作，斯普林代尔是全球泰森食品的总部所在地。在当地，一个马绍尔社区已经兴盛起来，一旦发展起来，就会成为对其他马绍尔人有吸引力的目的地。

马绍尔群岛和美国的独特关系使马绍尔群岛的人们可以无须签证在美国自由生活和工作。第二次世界大战中，在太平洋战争胜利后，马绍尔群岛成为美国监管下的太平洋托管领土。1979 年以后，马绍尔群岛取得完整的主权，成为美国保护下的一个独立国家。美国仍然在一个马绍尔环礁的一个岛上保留军事基地，根据自由联合条约（Compact of Free Association），马绍尔人获准进入美国学习或工作，但他们的永久居留权仍然不明确。

很多马绍尔群岛的居民还没有决心永远离开自己的国家。总统的女儿米兰·罗伊克（Milan Loeak）告诉萨特："我不想考虑这个问题，我认为人们应该问，'我们怎样来提供帮助？'而不是'你什么时候走？'"[36]

2014年，马绍尔群岛居民、诗人凯西·杰特尼尔·柯基妮（Kathy Jetnil-Kijine）在联合国朗读的诗歌使数以百计的代表流下眼泪。这首诗是写给她7个月大的女儿的，承诺保护她不受全球变暖的威胁。下面是摘录：

亲爱的马塔菲尔·佩妮穆

我想告诉你那个礁湖

那清澈、沉睡的礁湖

人们说，有一天

那礁湖会吞噬你

他们说它会咬断海岸线

咀嚼你的面包树的根

吞下你的海堤

摧毁你的岛屿破碎的骨头

他们说你，你的女儿

还有你的孙女

将漂泊无根

只有看护照才能想起家

亲爱的马塔菲尔·佩妮穆

不要哭

妈妈答应你

没有人

会来吞噬你

没有叫公司的贪婪鲸鱼游过政治海洋

没有道德缺失的企业来欺负你

没有被蒙蔽眼睛的官僚机构将大洋母亲推向边缘

没有人溺水，宝贝

没有人迁移

没有人失去他们的家园

没有人会成为气候变化难民

或者我应该说

没有其他人

从巴布亚新几内亚的卡特里特岛民到斐济的塔罗岛人

我想这一刻

向你道歉

我们在这里亮出底线

因为宝贝，我们要战斗

你的妈妈、爸爸、爷爷、奶奶、你的国家、你的总统

我们都会战斗 [37]

像其他岛屿社区一样，马绍尔人没有坐等世界其他国家的援助，而是开始行动。在其提交给联合国的气候谈判文件中，该国承诺 2025 年将减少 1/3 碳排放量，这是第一个承诺碳减排的发展中国家。[38] 他们还敦促澳大利亚也要达到同样目标。[39]

诸多岛国已经开始在应对气候变化带来的生存威胁了。在太平洋西南部的卡特里特群岛、巴布亚新几内亚群岛，整个社区已经搬到了大陆。[40]《商业内幕》（Business Insider）报道，"高涨的海潮已经淹没了岛屿，毁坏了庄稼、水井和家园"。托雷斯海峡群岛位于澳大利亚和新几内亚岛之间，由 274 个岛屿组成，有超过 8000 名居民。生活在泰瓜岛的 100 名居民在 2005 年被联合国宣布成为世界上"第一批气候变化难民"。海平面如果上升 1 米，密克罗尼西亚联邦就完全无法居住。有人看见一个男人站在深深的海水中，那里曾经是一个墓地。密克罗尼西亚驻联合国大使对美国广播公司新闻说："在我的国家，连死者都不再安全了。"[41]

有尊严地移民

太平洋岛屿将需要适应气候变化的影响。采取最积极的减少化石燃料使用的措施虽然重要，但也只能减缓海洋的上升。太平洋社区都在谈论"有尊严地移民"，不屈从于家园不可避免地被破坏的可能命运，他们正在争取掌握自己的命运。正如《卫报》所报道的，这可能涉及"有计划地搬迁，或者整个社区一起迁移，保持文化习俗、家庭关系和传统，在一个更安全的地方重建社区，或者一点一点地迁移并融入新社区。来自太平洋岛国的许多人已经开始在国外工作和学习了。一些人认为延续这种趋势是解决问题的办法"。[42] 小岛国瓦努阿图正在计划将其人口迁移到内陆，但这种做法是不可行的，这个国家是由环状珊瑚礁和沙洲组成的，没有真正的"内陆"。

就像基里巴斯人一样，卡特里特群岛也有"有尊严地移民计划"，他们管它叫"图莱勒　佩萨"（Tulele Peisa）。在他们的母语的意思是"我们自己的帆船乘风破浪"。[43] 该计划通过提供培训和教育，使社区成员可以做出关于自己未来的明智决定，还研究了那些选择尽可能长期留下来居住的居民的可持续生活方式。来自卡特里特群岛环境支持者乌苏拉·拉克瓦（Ursula Rakova）说，"我们的计划是尽可能地保持独立和自给自足。不管在哪里，要保持我们的文化身份和可持续地生活"。[44] 保持一个社区的身份和文化的解决方案，如拉克瓦的方案，并没有出现在旷日持久的国际谈判中。社区居民需要把自己的命运掌握在自己手中。

小岛屿发展中国家的全球呼吁

岛屿国家计划迁移其人口以躲避全球变暖的影响，问题来了：它们什么时候需要这样做？发达国家能给它们更多的时间吗？

这些国家正敦促全球其他地区减少化石燃料的排放。太平洋、加勒比海和其他一些小岛屿国家组成的小岛屿发展中国家小组在 2015 年联合国安理会举行会议，请求帮助解决气候变化问题。法新社报道，安理会通常主办关于叙利亚和乌克兰等国家的战争威胁与政治冲突的辩论，气候变化议题通常留给联合国的不同机构，如气候变化框架公约（UNFCCC）。[45] 由于这些岛国暴露于环境安全危机中，安理会正在成为一个更加适合讨论气候变化的舞台。

据法新社报道，小岛屿发展中国家要求"财政和技术援助，以帮助它们避免在全球变暖引发的涨潮和强大风暴中被冲走"。汤安诺说，联合国长期忽视了该国的困境，他希望这一呼吁能够改变这种状况。汤安诺说："作为领导人，我们今天能否回到我们的人民面前，并有足够的信心说……不管海平面有多高，不管风暴有多严重，都有可靠的技术解决方案来抬高你的岛屿和你的家园，并将提供必要的资源，确保一切都在为时已晚之前到位。"[46]

为太平洋岛屿的气候难民寻找解决办法需要多久？这取决于在气候变化问题上达成强有力的国际行动所需要的时间。现在，对工业化国家的呼吁已经发出，如果它们肯听，时间会告诉我们答案。

参考资料

https://unfccc.int/files/meetings/lima_dec_2014/statements/application/pdf/cop20_hls_tuvalu.pdf.

[1] C. H. Carling, E. Morrow, R. E. Kopp, and J. X. Mitrovica, "Probabilistic Reanalysis of Twentieth-Century Sea-Level Rise," *Nature*, January 22, 2015.

[2] National Oceanic and Atmospheric Administration, "Is Sea Level Rising?" http://oceanservice.noaa.gov/facts/sealevel.html.

[3] Brandon Miller, "Expert: We're 'locked in' to 3-Foot Sea Level Rise," CNN, September4, 2015, http://www.cnn.com/2015/08/27/us/nasa-rising-sea-levels/.

[4] Andrea Thompson, "Melt of Key Antarctic Glaciers 'Unstoppable,' Studies Find," ClimateCentral.org, May 12, 2014, http://www.climatecentral.org/news/melt-of-key-antarctic-glaciers-unstoppable-studies-find-17426.

[5] Leslie Baehr and Jennifer Walsh, "NASA: The Collapse Of The West Antarctic Ice Sheet Is 'Unstoppable,'" *Business Insider*, May 12, 2014, http://www.businessinsider.com/nasa-west-antarctic-ice-sheet-results-2014–5.

[6]　"NOAA Satellites Observe Warming Oceans Profile: Q&A with Sydney Levitus," NOAA Satellite and Information Service, last modified November 29, 2014, http://www.nesdis.noaa.gov/news_archives/SydLevitus_WarmingOceans.html.

[7]　Ken Branson, "Global Warming as Viewed from the Deep Ocean," *Rutgers Today*,October 31, 2015, http://news.rutgers.edu/research-news/global-warming-viewed-deep-ocean/20131031#.WBIRoclcj5M.

[8]　Erika Spanger-Siegfried, Melanie Fitzpatrick, and Kristina Dahl, *Encroaching Tides: How Sea Level Rise and Tidal Flooding Threaten US East and Gulf Coast Communities over the Next 30 Years* (Cambridge, MA: Union of Concerned Scientists, 2014).

[9]　"45 percent of Tuvalu Population Displaced—PM," Radio New Zealand, March 15, 2015, http://www.radionz.co.nz/international/pacific-news/268686/45-percent-of-tuvalu-population-displaced-pm.

[10]　Sam Rkaina, "Cyclone Pam: Vanuatu Death Toll Hits 24 as 3,300 People Displaced by 'Monster' Storm," *Mirror*, last updated March 17, 2015, http://www.mirror.co.uk/news/world-news/cyclone-pam-vanuatu-death-toll-5347338.

[11]　Karl Mathiesen, "Climate Change Aggravating Cyclone Damage, Scientists Say," *Guardian*, March 16, 2015, https://www.theguardian.com/environment/2015/mar/16/climate-change-aggravating-cyclone-damage-scientists-say.

[12]　"Hurricanes, Typhoons, Cyclones: Background on the Science, People, and Issues Involved in Hurricane Research: 'Is Global Warming Affecting Hurricanes?'" National Center for Atmospheric Research, University Corporation for Atmospheric Research, last updated May 2013, https://www2.ucar.edu/news/backgrounders / hurricanes-typhoons-cyclones#8.

[13]　Nick Perry, "Wary of Climate Change, Vanuatu Villagers Seek Higher Ground," Associated Press, July 12, 2015, http://www.deseretnews.com/article/765677274/Wary-of-climate-change-Vanuatu-villagers-seek-higher-ground.html.

[14]　"Pacific Island Villagers First Climate Change 'Refugees,'" United Nations Environment Programme, December 6, 2005, http://www.unep.org/Documents

.Multilingual/Default.asp?DocumentID=459&ArticleID=5066&1 =en.

[15]　"Maldives Cabinet Makes a Splash," BBC News, October 17, 2009, http://news .bbc.co.uk/2/hi/8311838.stm.

[16]　Ben Doherty, "Climate Change Castaways Consider Move to Australia," *Sydney Morning Herald*, January 7, 2012, http://www.smh.com.au/environment/climate-change /climate-change-castaways-consider-move-to-australia-20120106–1pobf. html.

[17]　Associated Press, "Ex-President Mohamed Nasheed Is Arrested in Maldives," NYTimes.com, February 22, 2015, http://www.nytimes.com/2015/02/23/world/asia/ ex-president-mohamed-nasheed-is-arrested-in-maldives.html?_r=0.

[18]　Andrew Buncombe, " 'They came to power in a coup, They will not leave' : There May Never Be an Election, Claims Former Leader of Maldives," *Independent*, October 21, 2013, http://www.independent.co.uk/news/world/asia/ they-came-to-power-in-a -coup-they-will-not-leave-there-may-never-be-an-election-claims-former-leader -8895102.html.

[19]　Kenneth R. Weiss, "The Making of a Climate Refugee," *Foreign Policy*, January 28, 2015, http://foreignpolicy.com/2015/01/28/the-making-of-a-climate-refugee-kiribati -tarawa-teitiota/.

[20]　"Kiribati Man Faces Deportation after New Zealand Court Rejects His Bid to Be First Climate Change Refugee," Agence France Presse, July 21, 2015, http://www. abc. net.au/news/2015–07–21/kiribati-mans-bid-to-be-first-climate-refugee-rejected / 6637114.

[21]　United Nations High Commissioner for Refugees, "The 1951 Convention Relating to the Status of Refugees," Convention and Protocol Relating to the Status of Refugees, December 2010. Quote is from Article 1(A)(2) on p. 14.

[22]　"I'll Give Climate Refugee Family a Home," RadioNZ, September 27, 2015, http:// www.radionz.co.nz/news/world/285388/'i' ll-give-climate-refugee-family-a-home' .

[23]　"Kiribati," Encyclopaedia Britannica, last updated May 13, 2016, https://www

.britannica.com/place/Kiribati.

[24] John D. Sutter, "You're Making This Island Disappear," CNN, June 2015, http://www.cnn.com/interactive/2015/06/opinions/sutter-two-degrees-marshall-islands/.

[25] Alister Doyle, "Pacific Island Nation Calls for Moratorium on New Coal Mines," Reuters, August 13, 2015, http://uk.reuters.com/article/climatechange-summit-coal-idUKL5N1001WK20150813.

[26] "Tuvalu about to Disappear into the Ocean," Reuters, September 13, 2007, http://uk.reuters.com/article/environment-tuvalu-dc-idUKSE011194920070913.

[27] Rick Noack, "Has the Era of the 'Climate Change Refugee' Begun?" *Washington Post*, August 7, 2014.

[28] Ibid.

[29] Ibid.

[30] Ibid.

[31] Sutter, "You're Making This Island Disappear."

[32] Christopher Jorebon Loeak, "A Clarion Call from the Climate Change Frontline" Huffington Post Blog, September 18, 2014, updated November 18, 2014, http://www.huffingtonpost.com/christopher-jorebon-loeak/a-clarion-call-from-the-c_b_5833180.html?

[33] John D. Sutter, "2 Degrees: The Most Important Number You've Never Heard Of," CNN.com, last updated November 24, 2015, http://www.cnn.com/2015/04/21/opinions/sutter-climate-two-degrees/.

[34] Sutter, "You're Making This Island Disappear."

[35] Ibid.

[36] Ibid.

[37] Kathy Jetnil-Kijiner, "A Poem to My Daughter," September 24, 2014, https://kathyjetnilkijiner.com/2014/09/24/united-nations-climate-summit-opening-ceremony-my-poem-to-my-daughter.

[38] "Periled by Climate Change, Marshall Islands Makes Carbon Pledge," Agence France-Presse, July 20, 2015, http://www.rappler.com/world/regions/asia-

pacific/99898-marshall-islands-makes-carbon-pledge.

[39] "Marshall Islands Foreign Minister Tony de Brum Slams Australia's Proposed 2039 Carbon Emissions Targets," ABC.net, updated August 11, 2015, http://www. abc. net.au/news/2015–08–11/marshall-islands-slams-australia's-carbon-emissions-targets /6688974.

[40] "Evacuated Carteret islanders hope to send back food," Radio New Zealand, July 8, 2015, http://www.radionz.co.nz/international/pacific-news/278263/evacuated-carteret-islanders-hope-to-send-back-food.

[41] Randy Astaiza, "11 Islands That Will Vanish When Sea Levels Rise," *Business Insider*, October 12, 2012, http://www.businessinsider.com/islands-threatened-by-climate -change-2012–10/#micronesia-7.

[42] Alex Randall, "Don't Call Them 'Refugees': Why Climate-Change Victims Need a Different Label," *Guardian*, September 18, 2014, https://www.theguardian. com/vital-signs/2014/sep/18/refugee-camps-climate-change-victims-migration-pacific-islands.

[43] "Carteret Islands—The Challenge of Relocating Entire Islands," https://sinking islands.com/2014/10/12/carteret-islands-the-challenge-of-relocating-entire-islands/.

[44] Randall, "Don't Call Them 'Refugees.'"

[45] "Island Nations Seek UN Security Council Help in Fighting Climate Change," Agence France Presse, July 31, 2015.

[46] André Viollaz, "Island Nations Seek UN Help to Combat Climate Change," Agence France-Presse, July 31, 2015, http://interaksyon.com/article/115211/island-nations-seek-un-help-to-combat-climate-change.

第四章

袭击家园的危机：美国的气候难民

闭上眼睛，给家人和朋友留下最好的回忆。如果你像我一样，那回忆充满了家庭熟悉的温暖和舒适，我希望，你们能和我不同，永远不会由于气候变化的影响被迫为自己的家庭定价。

——埃索·辛诺克（Esau Sinnok），北极常驻联合国青年大使

谁将成为美国第一批气候变化难民？答案取决于你的新闻来自哪里。一些媒体认为，该国第一批气候变化难民的来源地可能是一个即将被上升的海平面吞噬的障蔽岛上的阿拉斯加城镇；一些媒体认为，第一批气候变化难民应该来自路易斯安那的社区，由于化石燃料活动、土地退化和海平面上升，那里每小时都有一个足球场大小的土地在消失；也有人认为，第一批气候变化难民应该是来自新奥尔良因"卡特里娜"飓风而流离失所的人们，以及来自纽约因"桑迪"飓风而流离失所的数十万人；还有人指出，第一批气候变化难民应该是那些因为干旱从他们的家乡逃离的加利福尼亚人。人们也可以说，几十年前由于当时干旱和贫瘠的土地管理措施不当造成的沙尘暴，促使成千上万的农民从大平原迁移到西部，造成了第一批流离失所的气候难民。但问题不在于谁是"第一批"气候难民，而是我们将如何应对将要到来的不可避免的由于气候引起的移民潮。

美国历史上的移民：沙尘暴和大旱灾

这是激发了音乐和小说创作灵感的美国现代史上最大的移民事件。沙尘暴发生在 20 世纪 30 年代，过度的农业生产和长期的干旱使大平原西部成为出了名的尘暴中心，无法忍受，有 250 万人被迫从该地离开。

每一个移民故事中都有一个"以前"和"之后"，正如《愤怒的葡萄》（*The Grapes of Wrath*）中所描述的，逃到加利福尼亚的尘暴难民的"后"故事常常充满了困难。沙尘暴移民搬迁到许多已经遭遇水源和资源短缺的地区，从而加剧了当地的紧张局势。在加利福尼亚因为吸收移民造成的冲突多于移民本身带来的冲突。从平原过来的"俄州人"面临种族歧视、不公正待遇和殴打，他们的棚屋被烧毁，警方被要求对加利福尼亚边境进行封锁，阻止新移民进入。

令人担忧的是，美国中西部的大平原地区近年来遭受了与当年尘暴类似的旱灾。农民正在处理他们的库存，人们正在迁出，许多居住地点正在变成鬼城。环境和技术的发展及今天的农民对新的工具和技术的采用，形成了拥有更大农场和更少工人的真空中心地带。现在，由于手机和技术不断革新，干旱农业的进步，平原上的生活可能不会像沙尘暴时期那样糟糕。冬天，"拉尼娅"使这个地区变得极其干旱，我们能做的只有双手合十去祈祷。

美国的严重干旱经常对全美国和世界其他各地农业产生波动性影响。西部有一个 3400 万人的加利福尼亚州，大部分地区缺水，多年的干旱已经使食品价格飞涨超过 13%。加利福尼亚城市和农业地区的用水需求非常大，许多州的商业界都在谈论修建通往太平洋西北部和五大湖区的管道来取水。从五大湖区饮水的想法让加拿大人更加担心，因为他们与美国共同拥有五大湖区的所有权，加拿大人没有意图分享他们的"蓝色黄金"。汉普郡学院和平与安全研究所教授迈克尔·克莱尔指出，加利福尼亚州的干旱使食品价格高企，可能"加剧该地区已经很突出的不满情绪和高失业率，促使出现对现任政治家的强烈抵制，以及其他形式的异议和动荡"。他补充说，"在国际舞台上，大平原的严重干旱可能产生最具破坏性的影响。因为许多国家依赖从美国进口的粮食来补充自己的收成，而且由于严重的干旱和洪水正在破坏其他地区的作物，粮食供应预计会萎缩，价格也会上涨……2012年的大旱灾不是单一的中心地带国家的一次性事件，而是全球变暖不可避免的后果"。这只会加剧日益增长的国际影响。克莱尔明确指出："在未来的几十年中，数以百万计的人口将因为干旱和饥饿移居到其他国家，从而会引发更大的敌意。"[1]

北冰洋的阿拉斯加社区

气候难民的概念开始在美国受到重视。然而，在相关的讨论过程中，它几乎完全被排除在一般的移民体系之外——移民一般来自其他国家。难民往往被视为异己，特别是"卡特里娜"飓风过后这种思想更加严重。杰西·杰克逊（Jesse Jackson）牧师声称，他认为称呼"卡特里娜"飓风中幸存下来的美国公民为"难民"是"种族主义"，认为"把他们看作难民就是不把他们看作美国人"。[2]无论如何，"难民"一词通常被用来描述"卡特里娜"飓风后的幸存者，并再次成为主要媒体中常见的说法，指代居住在阿拉斯加沿海社区的人们，他们很快就会被迫搬迁。

土著部落社区的居民在阿拉斯加沿岸生活了数千年，主要靠当地的鱼类和野生动物为生，并利用港口进行商业活动。阿拉斯加沿海社区现在面临气候变化带来的双重威胁：海平面上升和多年冻土融化。海洋正在吞噬阿拉斯加海岸，宝贵的沿海土地正在被缓慢地侵蚀。同时，地基（房屋下面的泥土）建设在不稳固的土地上：阿拉斯加常年处于冰冻状态的冻土正在升温和融化。

阿拉斯加和整个北极地区的气温上升速度是世界其他地区的2倍。[3]温暖的北极气温不仅对全球气候模式产生了巨大影响，其局部效应也是显著的。从字面上理解，永久冻土对于保持这些社区的漂浮至关重要。永久冻土是由冰和土壤混合而成的，当它融化时，冰变成水流走，冻土表面变成海绵状而下沉。因为土壤和冰组分不同，引起地面下沉不均匀，造成凹槽和低谷，使得坐落在这种永久冻土上的房屋和道路受到严重破坏，公路开裂，房屋倒塌，地基塌陷。多年冻土融化是气候变化的许多自我强化循环之一：随着温度升高，冻土融化，包含温室气体的气泡将从先前冻结的土壤中释放出来，从而加速全球变暖并使冻土融化更快。目前，北极冻土带包含有大量的甲烷和二氧化碳（图 4.1）。

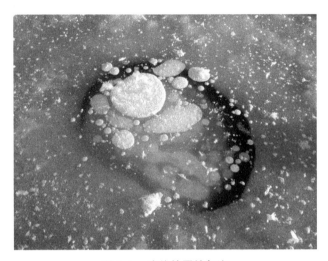

图 4.1　冻住的甲烷气泡

数据来源：美国地理调查局通过 Flickr 发布。

科学家弗拉基米尔·罗曼诺夫斯基（Vladimir Romanovsky）负责费尔班克斯市阿拉斯加大学的冻土实验室的运行，他曾预测，到 2050 年阿拉斯加的永久冻土的 1/3 会融化，而其余的 2/3 将在 2100 年前融化。[4] 还有其他组织也进行了不同的预测：美国国家冰雪数据中心（National Snow and Ice Data Center）预测，北半球的永久冻土到 2200 年将融化 60%，将向大气中排放二氧化碳近 2000 亿吨，[5] 或相当于 400 亿辆以上的汽车一年的排放；[6] 联合国 IPCC 估计，20% ~ 35% 的北半球冻土将在 2050 年消失；联合国环境计划署估计，到 2080 年冻土融化的比例将高达 50%。[7] 然而，所有的模型和科学家都赞同，多年冻土在融化，原因是气候变化。以前，冻土几千年才会发生明显变化，但随着地球升温情况会更加严重。美国国家冰雪数据中心的肯·舍费尔（Ken Schaefer）告诉《今日美国》："一旦排放开始，就不能停止。"[8]冻土专家泰德·舒尔（Ted Schuur）说："冰在融化，我们能看到也能听到。"[9]

这些社区也面临其他威胁。海岸附近漂浮的冰帽保护这些社区免遭风暴侵蚀，现在它们融化了，海岸变得更加脆弱。苔原湖是该地区主要的清洁饮用水源地，现在已经干涸了。尽管多年冻土融化、严重的风暴和饮用水源的枯竭都是阿拉斯加社区面临的问题，但它们都有适应、保护和解决办法，它们没有其他沿海社区面对海平面上升所面临的生存威胁。不管发生什么事，它们都需要行动。它们知道这一点，联邦政府也知道这一点。美国政府问责办公室（GAO）2003 年记录，超过 200 个阿拉斯加社区受海平面上升威胁，海岸线受到侵蚀。[10]从那时起，31 个社区已被确定为面临"迫在眉睫"的威胁，其中 12 个社区投票赞成搬迁，但到 2016 年都没有官方行动。[11]要实现搬迁需要规划和政府服务，最重要的是要解决资金短缺的问题。

安置

联邦应急管理局（FEMA）只有到宣布进入紧急状态之后，才提供援助资金。通常情况下，诸如海平面上升之类的缓慢灾害不会被归为此类。事实上，面对许多威胁的社区没有资格获得它们急需的联邦援助。在某些情况下，联邦机构投资城镇基础设施，却不知道这些城镇的官员们正在计划搬迁。美国政府问责办公室指出，住房和城市发展部（HUD）与迪纳利委员会（The Denali Commission）决定共同资助 110 万美元在纽托克（Newtok）建立一个新的诊所，却对村民的搬迁计划毫不知情。[12]

迪纳利委员会由美国国会 1998 年成立，主要研究和促进阿拉斯加偏远社区经济发展。但这一组织一直在困境中努力支撑着，该组织的监察官称之为"国会的一个没有付诸实践的实验，2013 年建议关闭委员会"，[13]2015 年，迪纳利委员会被赋予新的生命，奥巴马总统任命委员会来解决阿拉斯加地区的气候变化的威胁。白宫改善气候变化适应力的计划表示，委员会将"协助制定和实施短期与长期应对气候变化影响"的解决方案，"作为一个一站式解决阿拉斯加海岸线适应力问题的方案"。目前，迪纳利委员会的职责包括实施"自愿搬迁或其他有序地撤离"。这个纽托克的任务获得了200万美元资助。[14]

最近几年，这些社区的搬迁才开始进入实际程序，许多目前正在进行。因此，它们就被称为"美国第一个气候难民"。一个约350名尤皮克爱斯基摩人的小村庄纽托克享有了这个特殊的荣誉，苏珊娜·哥德堡（Suzanne Goldberg）对《卫报》说，[15]栖息在阿拉斯加西部海岸白令海附近的纽托克小镇，位于迅速上升的宁利克（Ninglick）河岸边，2003年决定搬迁。它们在沿着贝尔德湾向南9英里的地方选择了一块土地，最重要的是土地在高地上。这片土地是由美国鱼类和野生动物服务局所有，交易得到了议会的批准。[16]但10多年后，这些村民还没有开始搬迁，仍然生活在遭受重创的沿海地区，面临着严重的洪水和侵蚀。

《大西洋月刊》(The Atlantic) 的记者阿兰娜·塞缪尔斯（Alana Semuels）报道，搬迁因为法律和财政问题而减缓。项目获得的资金零零碎碎：2010年400万美元，2011年250万美元，2013年一次肆虐的风暴之后的灾难性洪水让纽托克村从FEMA的灾害移民资助项目（Hazard Mitigation Grant Program）申请到了400万美元的安置费。但是，问题是还需要经历多少灾难性的风暴，受灾地区的搬迁工作才能获得所需要的资金？《大西洋月刊》将纽托克村过去20多年的挣扎与被1993年大洪水破坏的密西西里的新巴顿堡（New Pattonsburg）的搬迁经历进行了对比：新巴顿堡在受灾一年后就在较高的地方完成了重建。正如塞缪尔斯写道，"因为是灾害所以才实现快速安置"。[17]

不管怎样，纽托克村有希望在2018年开始搬迁，[18]但很多居民担心到2018年为时已晚。虽然家被安置在离水面100英尺的地方，但是土地正在以每年50～75英尺的速度被冲刷和融化。高柏告诉美国全国公共广播电台，"每年风暴季节期间，河流冲走的冻土层高达20～30英尺，有时甚至高达300英尺……可怕的风暴撕开土地，将它们从村庄带走"。美国陆军工程师预测，"镇上的最高点的学校可能将在2017年被淹没"。将整个村搬迁安置的全部成本预计可能高达1.3亿美元，但目前只筹到很少一部分。[19]

然而，事实上，纽托克村正在进行的搬迁计划使它比其他面对气候变化威胁的阿拉斯加社区要更幸运。2015年9月，一个叫希什马廖夫（Shishmaref）的小镇是NBC《夜间新闻》重点报道的两个地方之一，这也是近10年来第一次有广播新闻网提到气候难民的概念。希什马廖夫有600名居民，比纽托克村多350人。希什马廖夫位于接近北极点北纬几度的地区，也面临着与纽托克村类似的困境。2002年，社区投票赞成搬迁，比纽托克村投票早了差不多一年，然而，对搬迁的目标地点还没有达成共识。一位名叫克里福德·韦依安娜的老人说，"你不能在只有2英尺冰的苔原上建房子，当你在上面施工的时候，它就开始融化了，建好的房子也会下沉"。[20]

因此，这个城镇的搬迁仍然处于被搁置状态。与此同时，美国陆军工兵部队建造了一堵价值1900万美元的石墙，作为临时措施保护社区免受海平面上升的影响。没有政府的进一步援助，该镇本身无法承担搬迁费用。希什马廖夫前搬迁联盟主席韦依安娜抱怨说："如果没有联邦援助，搬迁不得不半途而废。"[21]据政府方面估计，如果找到合适的搬迁地点，搬迁一个村民的成本是30万美元，总共需要1.8亿美元。[22]

很多熟悉希什马廖夫人情况的人对联邦政府援助缺乏的状况感到沮丧。2014年，阿拉斯加州参议员丽莎·穆尔科斯基（Lisa Murkowski）敦促国务卿约翰·克里（John Kerry）践行"美国优先"并帮助"阿拉斯加应对这一基于日常的现实"。她写道："美国准备担任北极理事会的主席，至关重要的是要准备解决美国自身的北极社区的适应问题。"[23]希什马廖夫的居民尝试去说服由很多否认全球变暖科学的成员组成的国会。希什马廖夫前市长斯坦利·托克托（Stanley Tocktoo）说，更多的风暴将摧毁飞机跑道，也同时切断居民的急救航班。该小组展示了一个充满慢慢融化的冻土的塑料桶，以此象征着他们家园缓慢发生的变化。[24]

NBC《晚间新闻》重点报道的另一个地方是阿拉斯加一个叫科茨布（Kotzebue）的村子，奥巴马总统北极之旅曾参观过这个村子。奥巴马是历史上第一个到访北极圈的美国总统。科茨布有3000名居民，比希什马廖夫要大。科茨布不会搬迁，寄希望耗资3400万美元的岩石墙能在海平面上升时保护村子的安全。[25]奥巴马访问科茨布后，去了一个坐落在一个珊瑚礁岛上名叫基瓦利纳（Kivalina）的小镇。基瓦利纳面临着和其他社区类似的生存威胁，一些专家预测，小镇将在 2025 年被上升的海平面淹没而无法居住。[26] 美国陆军工程师预测，将基瓦利纳的全部 400 个居民点搬迁需要 1.2 亿美元。[27] 这个小镇在 1992 年投票决定搬迁，[28] 但资金远远没有达到所需水平，也没有关于搬迁目的地的计划。

钱从哪里来？基瓦利纳尝试获得需要搬迁资金的一种独特的策略使它脱颖而出。2008 年，村民起诉了包括埃克森美孚、英国石油公司、雪佛龙、壳牌石油等全球最大的 24 家石油公司。[29] 他们以"妨碍公共利益"的名义提起诉讼，指责石油公司是引发气候变化、对村子造成不合理损害的最大因素，他们打算通过在法庭上赢得官司而获取搬迁的费用。不幸的是，案件面临许多障碍，最终在 2013 年被终止。[30] 美国地区法院以温室气体的排放问题应由国会而不是法院解决为由拒绝受理上诉。[31] 同年，他们尝试上诉到美国最高法院，但最高法院也拒绝受理。[32] 环保人士、作家比尔·麦克评论这个失败案例说："这个故事是一个悲剧，不仅仅是因为发生在基瓦利纳人身上，而是因为这不是必要的。"正如作者所言，"这是地球上一些最大的和最富有的公司算计、欺骗、操纵和贪婪的后果"。[33]

克里斯汀·希勒（Christine Shearer）写了一本关于基瓦利纳诉讼案件的书——《基瓦利纳：气候变化的故事》，她希望将来会有更多的诉讼。她在接受国际公共广播电台采访时说："更多的社区、更多的城市、更多的州、更多的部落将不得不努力帮助那些受到气候变化影响的人们……我认为会有更多的诉讼随之而来，总有一天，化石燃料公司可能会发现解决这些问题的成本比持续应对这些诉讼低。"[34]

这些社区在等待搬迁，也在受苦。随着海冰的减少，风暴潮不断侵蚀着陆地和家园。干净的水和卫生系统在希什马廖夫这样脆弱的村庄都面临危险。卫生系统正在恶化，疏散通道受损。与大陆连接至关重要的机场跑道，也是特别重要的疏散通道，都被冲走了。投资者看不出有什么理由支持一个正在计划搬迁的社区。正如斯坦利·托克托所说，"决定搬迁的成本非常高"。[35]

2015 年 9 月，基瓦利纳收到一个研究安置的艺术组织捐赠的 50 万美元，但它还有很长的路要走。[36] 美国政府问责办公室估计，作为一个整体，目前处在危险之中的 172 个阿拉斯加社区的搬迁费用总计需要 340 亿美元。[37]

消失的路易斯安那湿地

20 世纪 30 年代，路易斯安那州失去了近 2000 平方英里的土地，大约相当于特拉华州大小。[38] 每小时有一个足球场大小的区域消失到开放的水域。[39] 如果不采取任何拯救措施，经过 7000 年形成的 300 万英亩路易斯安那河口湿地的大部分将在未来 50 年消失。

在墨西哥湾，湿地的标志——海湾、河口、岛屿和溪流已经开始消失。毫不夸张地说，美国国家海洋和大气管理局正在从地图上删除这些地标。2013 年，美国国家海洋和大气管理局删除了 40 个海湾和地标，其中，有海湾和地标是由 18 世纪法国第一批探索先锋命名的。大多数海湾和地标只能存在于南路易斯安那长大的居民的回忆中。美国国家海洋和大气管理局经常更新地图，但还从来没有在一个地区删除这么多标志。据美国地理学家梅瑞狄斯·威丁顿（Meredith Westington）说："有点令人不安……看到这么多的名字很难过。"她对《今日美国》表示："我相信没有人见过这种大规模的变化。"[40] 消失的地方不仅仅是地图上的点，而是为成千上万的人提供了生计和家园。地图上删除的区域叫普拉克明教区（Plaquemines Parish），是将近 2.5 万人的家园。如不采取行动，路易斯安那湿地一半以上的地区到 2100 年将被淹没（图 4.2）。[41]

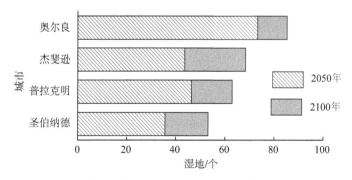

图 4.2　路易斯安那州拥有较多湿地的教区的湿地流失情况

数据来源：美国宇航局。

路易斯安那湿地是密西西比河进入墨西哥湾的入口，由诸多的河道、沼泽和滩涂组成。造成湿地沉入海底的原因有很多，包括为保护人口密集地区免受洪水泛滥而修建的防洪堤，会阻止河流、入口和河道冲刷而不断沉积的泥沙补充湿地；干旱也起到了一定的作用，海潮和洪水携带的沉积物，沉积到下游对湿地至关重要，如果降水减少，水流也会减少。[42]

海湾地区的海平面上升速度高于世界平均水平，最近美国国家海洋和大气管理局确认，海平面的上升速度比专家预计的还要快。路易斯安那湿地平均海拔约 3 英尺。美国国家海洋和大气管理局现在预测墨西哥湾将在 2100 年上升 4 英尺，海水将淹没堤外的一切。

石油和天然气公司难逃其责，这还不包括化石燃料燃烧造成的碳排放带来的全球变暖影响。在过去的 100 年中，石油和天然气公司已经在整个地区开凿了大量的运河，总长度达 1 万英里，连接了数千个石油和天然气钻井。具有讽刺意味的是，在海平面上升后可能幸存的唯一一部分湿地是在化石燃料公司挖掘的运河的边缘。[43]毫无疑问，路易斯安那湿地有完全消失的风险。这就是为什么说它们是美国气候难民的另一个不可避免的来源。

是的，我们刚刚花了几页详细说明了"第一批"难民的另一个潜在来源。但是一个土生土长的路易斯安那部落的困境已经向前推进了一步，它们离搬迁只有两年时间了。

路易斯安那的部落难民

美国国家海洋和大气管理局从地图上删除了众多地标的地区就是普拉克明教区，这地区位于杰查尔斯岛（Isle de Jean Charles），是比洛克西－奇蒂马查－巧克陶（Biloxi-Chitimacha-Choctaw）印第安人的家园，新闻网站 Mashable 称之为"美国的第一个气候难民"。[44]杰查尔斯岛位于路易斯安那州南部环绕路易斯安那海湾水域一块狭长的土地。60 年前，这块土地 11 英里长，5 英里宽，现在只有 2 英里长，0.25 英里宽。[45]这个区域很快就会完全消失，沉入墨西哥湾。从 19 世纪就生活在那里的部落将被迫迁移。

2016 年年初，部落获得了从住房和城市发展部项目与洛克菲勒基金会资助的国家抗灾能力竞争项目资助的 4800 万美元。[46]部落首领阿尔伯特·怀特·巴夫勒·纳奎因（Albert White Buffalo Naquin）已经提出在 13 年之内完成部落的迁移安置。[47]他说，"一种生活方式消失了"。[48]他告诉南方研究所："这笔资金将使我们能够在更安全的内陆为我们的社区新设计和开发一个新的在文化上适当并且有弹性的部落。"[49]杰查尔斯岛部落是第一个因为气候变化从住房和城市发展部获得专门搬迁资金的社区。随着气候变化的继续，我们只能希望这将为将来社区安置提供一个样本。[50]

不是每个杰查尔斯岛的居民都愿意搬迁。一些居民希望留在这里，他们不愿抛弃他们的历史、文化和生活方式而离开。社区的许多居民尝试留下。"这里是我们的家啊"，居民埃德森·达达（Edison Dardar）对 WDSU 新闻说，他一辈子都住在那里。他妻子说，"没有钱也没有得到帮助"。[51]

社区不得不在未来 2 年开始搬迁，但没有一个是被迫之举，纳奎因首领说："至少在有事情发生的时候，他们有一个地方可去。现在面临的问题是找到一个可以定居的地方，它的面积要足够大，至少可以容纳 100 个家庭，并且未来有发展空间。"[52]

起诉化石燃料公司以拯救湿地

除了杰查尔斯岛，路易斯安那州的湿地也面临着大麻烦。州政府制订了一个巨大的长期的计划努力拯救它们。这个计划将耗时 50 年，至少耗资 500 亿美元，[53]且需要大量的创新。专家的解决方案更像科学实验，而不是一个切合实际的影响成千上万人生命的项目。

这个项目失败的风险很大，尤其是海平面上升的速度在加快。非营利新闻集团 ProPublica 报道，"为了推动项目实施，科学家和工程师们将不得不立刻找出创建一个复制三角洲自然形成过程的人工系统的方法"。[54]美国国家海洋和大气管理局的科学家蒂姆·奥斯本（Tim Osborn）进一步指出，海平面上升的新数据比湿地恢复计划中最坏的情景还要差。该州沿海规划和保护局的负责人加勒特·格拉韦斯（Garret Graves）指出，计划将每 5 年进行一次调整和修改，以及时适应新的变化。此外，密西西比河含有大量需要重建的泥沙，所以奥斯本说，"希望还是有的"。[55]

ProPublica 指出，这个项目的成本比第二次世界大战时的曼哈顿项目还要大，但让路易斯安那湿地消失的代价更大。该湿地是美国最大的港口，如果不采取拯救行动，极端天气可能导致港口关闭，每天将使美国经济损失 3 亿美元，所以港口只要关闭不到半年的时间（167 天），损失要超过 500 亿美元的湿地保护成本。如果湿地完全消失，损失会是天文数字。[56]

但是 500 亿美元从哪里来呢？由于 2010 年墨西哥湾漏油事件受到的处罚，英国石油公司将支付项目部分费用，目前还不清楚其中有多大比例用于湿地恢复。但即使是全部，也不到 500 亿美元。在英国石油公司因疏忽大意补偿的资金用完之后，路易斯安那湿地保护将转向何方呢？[57]

事实证明，答案可能就在对化石燃料工业的诉讼案件中。[58] 在这方面，普拉克明教区采取了类似阿拉斯加社区的做法，通过起诉获得迁移资金。普拉克明教区因此成为提出最具创新性的针对环境恢复诉讼的地区。

石油和天然气工业是造成路易斯安那湿地退化的重要原因。因为修建运河破坏了湿地的沉积过程，1 万英里的土地变成了开放水面，破坏了湿地，也破坏了对抵御风暴有保护作用的宝贵植物，导致风暴潮更大，加速侵蚀湿地。事实上，化石燃料工业界已经承认对湿地的退化负有 36% 的责任，尽管政府估计这一数值为 59%。[59] 这一事实已经引起路易斯安那那些希望化石燃料工业能够为破坏他们家园负责的人们的注意。

2013 年，南路易斯安那州洪水保护局（East）对 97 个石油和天然气公司提起诉讼，被《纽约时报》称为"最雄心勃勃的环保诉讼"。[60] 该诉讼认为，化石燃料公司在使用完运河后，应该将其填平，但它们没有那样做，所以现在需要承担破坏湿地的责任。[61] 但诉讼面临地区和州政客们的激烈反对，他们积极保护经济活动的主要来源——石油和天然气行业。事实上，路易斯安那州是全国石油和天然气开采量最大的州。

《E&E 新闻》说，这起诉讼的"最大障碍"不在于诉讼金额，而在于金达尔（Jindal）政府和立法会的坚定反对。[62] 前州长鲍比·金达尔（Bobby Jindal）是一个能源行业的坚定捍卫者，他指责诉讼该案的律师"牺牲了海岸和成千上万为美国能源行业努力工作的路易斯安那人的利益"。州立法机关起草了若干法案试图阻止诉讼，[63] 其中一个法案被州法官裁定违宪。[64]最后，2015 年 2 月，州法官拒绝了诉讼。理由不是诉讼金额，而是与起诉当事人不相干的堤防管理局的证词。[65]

同时，该州普拉克明教区试图推动对石油和天然气行业湿地破坏的诉讼。教区委员会提出 21 项诉讼，邻近的杰佛逊教区委员会提起 7 项，对列入堤防管理局名单的 97 家公司进行诉讼。[66] 委员会受到来自石油和天然气行业的激烈反对，这些公司为 2014 年的选举委员会成员的活动捐赠了大量经费，到 2015 年 11 月，许多原来支持提起诉讼的成员没有赢得选举。议会投票 5∶1 决定拒绝受理该诉讼。[67] 据美联社，塞拉俱乐部成员达里尔·马里克 – 威利（Darryl Malek-Wiley）称，委员会成员"被石油和天然气公司拉拢投反对票"。马里克 – 威利说，"这再次表明了石油和天然气行业对沿海湿地利益的影响力"。[68]

尽管普拉克明教区的诉讼失败了，它们在对改变美国人对环境退化的反应上非常重要。化石燃料行业从联邦政府获得数百万美元的特许权使用费和税收减免，人们越来越多地将这些资金作为支付化石燃料工业造成的环境破坏的一种可能方式。《E&E 新闻》的记者安妮·斯奈德（Annie Snider）建议，如果这些公司已经选择通过堤防管理局诉讼解决问题，首先要提高对石油和天然气产品的税收。但她也指出，"因为立法者准备好了进行干预，金达尔政府主张反对诉讼，签订一份这样的协议还需要时间"。[69]

美国前总统贝拉克·奥巴马也曾多次试图将石油和天然气特许权使用费用于路易斯安那抗灾举措，包括保护海岸免受飓风袭击。这是他在 2008 年竞选时所做的承诺之一。当他试图彻底取消油气特许权使用费时，提案被议员们一再推翻。[70] 在对阿拉斯加最新预算提案中，他要求为沿海社区筹款4 亿美元，奥巴马提出这笔经费通过取消目前的近海石油和天然气开发的特许权使用费获得，从内政部直接划拨。[71]

这看起来很完美：化石燃料排放导致全球变暖，沿海地区的海平面上升。逻辑上讲，既能帮助这些社区，也能减少对燃烧化石能源的补贴。该预算提案在一个完美的世界将没有任何障碍，但这并不是一个完美的世界。奥巴马的预算几乎没有机会通过，尤其是国会的很大一部分人接受了石油和天然气公司的巨额捐款。奥巴马总统任期最后的预算提案胎死腹中。[72]

"卡特里娜"飓风：美国移民社群

讨论路易斯安那州被迫迁移的事件，不可能不提到飓风"卡特里娜"。由于"卡特里娜"级别之大和破坏范围之广，路易斯安那州成为美国自从发生沙尘暴以来最大的国内迁移事件的地方。事实上，路易斯安那湿地的退化直接与"卡特里娜"飓风的破坏有关。湿地起到了风暴屏障的作用，减缓了飓风的强度，使它在到达人口稠密的新奥尔良地区之前减弱。湿地还努力吸收风暴带来的降雨，以减少风暴潮的高度。风暴潮通常是飓风中最致命的。大多数湿地恢复工作都集中在保护新奥尔良上。[73] 但重建工作不会改变已经发生的灾害，"卡特里娜"飓风的破坏为未来可能在美国产生的气候难民发出了一个有益的警告。

2005 年 8 月 23 日，"卡特里娜"袭击了墨西哥湾的海岸，造成 1000 多人死亡，超过 100 万人流离失所。虽然大部分人的被迫流离失所是暂时的，但仍有成千上万人在数月内无家可归。聚集在飓风疏散避难场所人数最多的时候达到 27.3 万人。[74] 灾难导致的撤离人员遍布在佐治亚州、佛罗里达州、得克萨斯州、南卡罗来纳州、纽约州、密西西比州和科罗拉多州等全国各地。[75] 重返新奥尔良的进展缓慢，对一些人而言这将永远不会发生。

随之而来的灾后重建暴露了美国种族主义的残酷现实。暴风雨发生 1 年后，不到一半的黑人返回新奥尔良（除黑人外的比例是 67%）。[76] 5 年后，有 10 万名黑人仍然没有回去。[77] 暴风雨前，种族差异就根深蒂固。黑人社区更可能在易受风暴袭击的地区，这些地区洪水泛滥最严重。学术期刊《南部空间》(Southern Spaces) 注意到，作为种植园和奴隶制的历史遗留，暴风雨发生前南部海湾沿岸各州的对穷人、有色人种和女人就存在严重的种族不平等，生活质量指数排名也靠后。人们希望通过飓风重建会减少不平等，但事与愿违。[78]

"卡特里娜"飓风后美国灾区安置已经不再是暂时的。风暴过后 5 年，整个社区仍然被遗弃，新奥尔良的 4 个主要公共宅区被摧毁或遗弃，成千上万的人流离失所，无家可归。

这些转移人员必须重新安置在全国各地，但许多人不接受。在"卡特里娜"飓风发生后的几个星期，南卡罗来纳州成为疏散急救救援中心，许多人最终定居在南卡罗来纳州的米德兰（Midlands）地区。仅哥伦比亚就接受了多达 1.5 万人，但该市缺乏足够的基础设施和社会服务，可负担得起的住房和公共交通在全国最差，社会福利政策也最严格。这是一个非常保守的区域，它的政治环境对外来者也充满敌意。[79]

休斯敦接收的难民最多，大概有 25 万人。在风暴过后，15 万人仍然在那里居住了一年。[80] 他们很多都生活在联邦应急管理局资助的充斥着犯罪和贫困的公寓街区。[81] 媒体错误地将难民的涌入与犯罪潮联系起来，使居民对外来者的厌恶根深蒂固。[82]

政府在社会服务和基础设施上撤资的长期后果在"卡特里娜"飓风之后暴露出来了，幸存者的苦难加重。这些系统相当脆弱，如果灾难再大就会颠覆人们赖以生存的社会系统。每一次极端天气事件，那些处于弱势群体的人们都会受到最严重的打击。每一个事件的结果只会扩大现有的不平等。正如福克斯（VOX）的大卫·罗伯兹所言，适应气候变化"直接与一个人的财富相关"。富裕国家比贫穷国家能做更多的事情，富裕国家中，富裕的城市比贫穷的城市和农村地区可以做更多的工作，甚至在富裕的城市里，富裕的居民也比落后的穷人更多享受到这些机制。[83]

事实上，凯萨家族基金会（Kaiser Family Foundation）发现，在风暴过后的 10 年里，新奥尔良居民如何看待这个城市的复苏，存在着深刻的种族分歧，白人更倾向于认为城市已基本恢复，他们的需要已经得到满足。[84]

"桑迪"飓风：即将到来的事情的先兆

对于纽约市的居民来说，"卡特里娜"飓风是发生在千里之外的路易斯安那州的悲剧，很大程度上跟发生在其他国家没区别，直到飓风"桑迪"的到来。2012 年 9 月，飓风"桑迪"走了一条不同寻常的道路，在北上大西洋海岸后，它向左急转，笔直地向西进入新泽西州和纽约州。"桑迪"是继"卡特里娜"之后美国造成损失最大的风暴，147人死亡，数以千计的家园被摧毁。[85] 1000英里宽的风暴撕开了新泽西著名的木栈道，一个近10英尺高的风暴潮破坏了曼哈顿海堤，涌入城市的隧道和地铁。

超级风暴"桑迪"比"卡特里娜"飓风造成的灾民少，但不断暴露出政府对幸存者反应的缺陷。风暴发生1年后，纽约州和新泽西州仍有3万人流离失所，被毁或严重受损房屋5.5万个。只有一半请求FEMA援助的人在灾后1年内获得了援助。[86]两年半后，因风暴受灾的1.5万个家庭仍然流离失所，完成重建的房屋只有328个。[87]

拉丁美洲行动网络和全国有色人种协进会新泽西州会议认为，风暴复苏计划，特别是拉丁美洲和非裔美国人社区的复苏计划失败了。复苏资金更多地流向受灾较轻的社区，如蒙默思海洋县（Monmouth and Ocean Counties）。他们认为，新泽西州为低收入租户提供的资金更少。[88]

像"卡特里娜"飓风一样，超级风暴"桑迪"的严重影响，可直接与气候变化特别是海平面上升建立联系。曼哈顿的风暴潮比1992年2月的纪录高出4英尺，达到14英尺高，打破了以前的最高纪录，[89]这是傍晚高位涨潮和风暴潮的结合，海平面上升加剧了风暴潮。工业化时代以来，曼哈顿海岸海平面上升了约1.5英尺，到20世纪末预计还会再上升4英尺。[90]东海岸的海平面上升更快，约为全国平均速度的4倍。[91]

事实上，泛滥的风暴潮在纽约市和新泽西州造成了最严重的破坏。洪水淹没了隧道，损坏了电气设备，在某些地区持续停电数天或数周。气候学家凯文·特伦伯思（Kevin Trenberth）说，"没有气候变暖引起的海平面上升、暴雨强度和大小的增加，城市的地铁和隧道可能不会被淹没，人类气候变化给这场风暴的潜在标价是几百亿美元"。[92]来自波特兰州立大学的研究人员的一项研究认为，现在纽约曼哈顿海堤每隔4~5年就会面临一次风暴潮，而在19世纪每100~400年才爆发一次风暴潮。[93]美国气象学会的一项研究发现，到2050年年底，泽西海岸每年都会经历一场规模相当于飓风"桑迪"的风暴潮。[94]

除海平面上升外，气候变化也可能影响到风暴的路径，使之变得不同寻常。异常高的海面温度使风暴向北发展，并在10月下旬保持强度的时间更长。温暖的大气，也使更多水分蒸发，从而带来更多降水。[95] 所有这些都证明了发生像飓风"桑迪"这样的未来事件的可能性，风险总是在增加的。[96]

解决方案和安全避难所

纽约和新奥尔良等著名城市的海平面威胁可能受到了最多的关注，但更重要的是要考虑美国其他数百个面临类似风险的城市和地区。超过400个城市已经进入了海平面上升"锁定期"，2015年，根据一个由气候中心气候科学家本杰明·斯特劳斯（Benjamin Strauss）在美国国家科学院院刊发表的研究显示：无论是否采取行动减缓气候变化，那些城市中超过半数都将会被海水淹没。在新奥尔良，"这真的只是一个建立合适的防御或者最终放弃城市的问题"，斯特劳斯对《赫芬顿邮报》说。[97] "卡特里娜"飓风证明建筑堤坝并非是万无一失的计划，如果防洪堤决堤，堤坝越大，灾难性的结果越严重。

北极研究所所长维多利亚·赫尔曼（Victoria Herrmann）提出，解决难民危机的关键的第一步是各地方、各州和联邦的专家应该成立专家组，研究出一个搬迁美国所有气候难民的框架。[98] 目前还不存在这样的一个框架，事实上美国对气候难民的想法很难把握。

另一个问题是如何防止未来出现更多的气候难民。各州和地方社区需要更好地为适应未来气候变化特别是极端天气事件的影响做好准备。事实上，一些人认为把阿拉斯加人称为"第一批"潜在难民，忽视了由于飓风的影响已经流离失所的数百万美国人，虽然很多流离失所只是暂时的。但这些只是气候变化危机的两个方面：一个是缓慢的、长期的、可预测的；另一个是不那么可预测，但更具快速毁灭性的。不适应飓风等极端天气对未来的影响是一个巨大的风险，这些风险是由那些没有其他选择的人承担的。特别是在贫困社区，居民往往没有足够的资金或知识来充分保护自己（表4.1）。

FEMA终于开始帮助各州准备应对气候变化，首次在更新各州计划时将气候变化纳入。对这个出了名的保守机构而言这是突破性进展。FEMA现在要求接受快速恢复能力援助计划的各州要"考虑环境或气候条件可能对各州对灾害的长期脆弱性的影响"。[99] 值得注意的是，如果这一政策不影响 FEMA 救灾资金使用将毫无意义。在飓风或极端洪水事件后，FEMA 仍然会提供援助。

表 4.1　受海平面上升影响人口最多的美国城市

城市	受影响的人口
纽约，纽约州	1 870 000
弗吉尼亚比奇，弗吉尼亚州	407 000
迈阿密，佛罗里达州	399 000
新奥尔良，路易斯安那州	343 000
杰克逊维尔，佛罗里达州	290 000
萨克拉门托，加利福尼亚州	286 000
诺福克，弗吉尼亚州	242 000
斯托克顿，加利福尼亚州	241 000
海厄利亚，佛罗里达州	225 000
波士顿，马萨诸塞州	220 000

在南卡罗来纳州的米德兰地区，灾难储备资金是极其宝贵的。2016 年，他们开始计划开展十几个防洪工程，并且依靠 FEMA 的灾难准备资金实施。[100]2015 年 10 月，这一区域遭遇致命洪水，造成至少 17 人死亡。[101] 不同州的灾难应急计划也不一样，从抗震收容所、防洪堤坝到在飓风多发地区的抗风结构，每一个计划都是针对各地区面临的独特威胁而量身定做的。

每个地区都面临气候变化带来的独特威胁。美国全球变化研究计划的 300 多名气候科学家和专家用 4 年时间编写的国家气候评估报告，列举了气候变化对美国各个州的预期影响。[102] 各州对未来将面临的气候变化风险都已知晓，但许多州还没有开始做准备。例如，根据 ProPublica 和《得克萨斯论坛报》（*Texas Tribune*）的联合调查，休斯敦、得克萨斯完全没有面对强烈的飓风的准备，而飓风却正在发生。[103]

骇人听闻的是，在沿海地区许多共和党州长攻击联邦应急管理局的这个改变，原因很简单，因为它要求他们承认气候变化是真实存在的。金达尔在一份声明中说："白宫不应该使用 FEMA 预案的政治杠杆力默许他们的左翼思想。"他曾称气候变化"只是一个木马"，目的是更多的政府管制。他说，"这是政府试图告诉大家我们应该过什么样的生活，开什么样的车，能享受什么样的生活方式的借口"。[104]

佛罗里达州州长瑞克·斯考特（Rick Scott）的办公室也表示不会遵守新的联邦应急管理局规则。一位发言人告诉《华盛顿时报》："佛罗里达州减排计划每 5 年才更改一次，佛罗里达州目前的计划于 2013 年 8 月 24 日生效，并被批准使用到 2018 年 8 月 23 日。"[105] 斯考特政府否认对气候变化的态度已经出了名了。事实上，根据佛罗里达州的调查报道中心（FCIR）对佛罗里达州环境保护部（DEP）前官员的访谈，斯考特政府不许员工说出"气候变化"这个词语。DEP 的多个前官员告诉 FCIR，他们被命令在"任何官方通信、电子邮件或报告"中不得使用"气候变化"和"全球变暖"等术语。FCIR 报道："来自州政府的 4 位前工作人员说，这个命令是众所周知的，并在全州口头传达。"[106]

多个其他共和党政客攻击该计划，几位众议院成员签署了一封信，交给 FEMA 管理员 W. 克雷格·福盖特（W. Craig Fugate），信中说，气候变化仍存在争议，理由是"在气候变化科学认识上存在差距"。[107]

加利福尼亚州遭受了多年干旱，这是该地区 500 年来最糟糕的经历。气象学家说，即使干旱结束，另一个问题还会出现。对于有 3400 万名居民的加利福尼亚州而言，旱灾不会仅仅是一过性的不便。该州日益减少的供水使农业和城市发展都面临风险，如果形势继续下去，加利福尼亚州的果蔬农民将向水资源丰富的北部迁移。加利福尼亚州的酒厂已经在位于俄勒冈的威拉米特河谷购买葡萄园。随着加利福尼亚州和其他西南部干旱地区受干旱侵袭，温度上升，人们将目光转向太平洋西北地区，以此作为一个安全的避风港。

目前，太平洋西北部是美国最安全的地区之一。华盛顿大学的大气科学教授克利夫·马斯（Cliff Mass）博士预测，随着全球变暖，太平洋西北部将成为"地球变暖"时代的最佳栖息地之一。他预见，将有大批的从其他地区迁移的气候变化难民定居在那。[108]太平洋西北部很可能将继续是一个水资源和气候条件最好的生活之地。这是好事，也可能是坏事。人类迁移模式很可能会改变，全球变暖将引发大批新的外来者，这将极大地影响公民社区的资源和人际关系。马斯教授在博客上开玩笑说，用铁丝网篱笆阻止加利福尼亚人。[109]

太平洋西北部以前也有气候难民。Crosscut.com 的克努特·伯杰（Knute Berger）回忆，1910 年的大火席卷爱德华州、华盛顿州和蒙大拿州 300 万英亩土地，数千人被迫离开土地，迁移到米苏拉、斯波坎和其他社区。20 世纪 30 年代的沙尘暴危机期间，超过 250 万人逃离炎热的大平原以寻求更友好的气候环境。成千上万的外来农场工人聚集在亚基马谷（Yakima Valley）寻找就业和住房。太平洋西北部历史上就是由移民建造的。伯杰预言，无论有没有气候变化，人们都会来……问题是"环境难民潮"是否有临界点，或气候变化增加一些人口是否是在可以管理范围之内的。[110]如果出现大量难民，他们能得到庇护吗？这个问题过去的历史并不令人欣慰。

欧内斯特·卡伦巴赫（Ernest Callenbach）在他著名的小说《生态乌托邦》（Ecotopia）中将华盛顿、俄勒冈和加利福尼亚州北部从美国划出成为隔离的环境乌托邦。[111]书中提出关于水和气候难民的基本问题：在一个变暖的世界，我们是拉起跳板还是热烈欢迎？此外，太平洋西北部长期干旱已成为保罗·巴奇加卢比（Paolo Bacigalupi）小说《水之刀》（The Water Knife）的主题。巴奇加卢比介绍了拉斯维加斯和菲尼克斯之间的水战争，小说设置了一个重要的现实场景：大多数人没有想到的灾难，即使它正在摧毁他们。[112]如小说所描述的，人们很难理解潜在的未来。但当灾难来临时，人们往往在不正常的行为和不理性的举动下行动。巴奇加卢比的小说描绘了一个许多气候难民在寻找水和环境安全的道路上的情景。随着美国干旱的持续，巴奇加卢比描绘了各州对权利的强烈意愿，他们说，"不，不，这是我们的地盘，我们不想分享给我们邻近的州"。《水之刀》代表的是一直缺乏监督、规划和组织的情况。巴奇加卢比说，"这是建立在人没有计划、不思考、不配合的假设情形下的世界，一个很糟糕的未来"。[113]

参考资料

Epigraph is from Esau Sinnok, "My World Interrupted," US Department of the Interior,December 8, 2015.

[1] Michael Klare, "The Hunger Wars in Our Future," *Environment*, August 8, 2012,http://www.tomdispatch.com/blog/175579/.

[2] Justin Fenton, "Use of 'Refugee' Is Called Biased," *Baltimore Sun*, September 5,2005.

[3] Michael Casey, "Temperatures in the Arctic Rising Twice as Fast as Rest of the World," CBS News, December 17, 2014.

[4] Wendy Koch, "Alaska Sinks as Climate Change Thaws Permafrost," *USA Today*, December 16, 2013.

[5] "Permafrost In a Warming World," Weather Underground, accessed 10–28–2016, https://www.wunderground.com/resources/climate/melting_permafrost.asp.

[6] "Greenhouse Gas Emissions from a Typical Passenger Vehicle: Questions and Answers," EPA.gov, May 2014, https://www.epa.gov/greenvehicles/greenhouse-gas-emissions-typical-passenger-vehicleThe Crisis Hits Home 99.

[7] "Permafrost In a Warming World," Weather Underground.

[8] Koch, "Alaska Sinks."

[9] Ibid.

[10] "Alaska Native Villages: Most Are Affected by Flooding and Erosion, but Few Qualify for Federal Assistance," US General Accounting Office Report to Congressional Committees, (Washington, DC: USGAO, December 12, 2003).

[11] "Alaska Native Villages: Limited Progress Has Been Made on Relocating Villages Threatened by Flooding and Erosion," US Government Accountability Office Report to Congressional Requesters (Washington, DC: USGAO, June 3, 2009), newtok's.

[12] "Alaska Native Villages: Most Are Affected," USGAO.

[13] Mike Marsh quoted in David A. Fahrenthold, "Federal Employee Mike Marsh's Mission: Getting Himself Fired, and His Agency Closed," *Washington Post*, September 26, 2013.

[14] White House initiative quotes from "Fact Sheet: President Obama Announces New Investments to Combat Climate Change and Assist Remote Alaskan Communities," Whitehouse.gov, September 2, 2015, https://www.whitehouse. gov/the-press-office/2015/09/02/fact-sheet-president-obama-announces-new-investments-combat-climate.

[15] Suzanne Goldberg, "America's First Climate Refugees," The Guardian, accessed October 28, 2016, https://www.theguardian.com/environment/interactive/2013/may/13/newtok-alaska-climate-change-refugees.

[16] Lisa Demer, "The Creep of Climate Change," *Alaska Dispatch News*, August 29,2015, https://www.adn.com/rural-alaska/article/threatened-newtok-not-waiting-disintegrating-village-stages-move-new-site/2015/08/30/.

[17] Alana Semuels, "The Village That Will Be Swept Away," *Atlantic*, August 30, 2015.

[18] Charles Enoch, "Newtok Feeling Nervous about Relocation Timeline," Alaska Public Media, September 21, 2015.

[19] "Impossible Choice Faces America's First 'Climate Refugees,'" National Public Radio, *All Things Considered*, May 18, 2013.

[20] Cynthia McFadden, Jake Whitman, and Tracy Connor, "Washed Away: Obama's Arctic Visit Buoys Climate Refugees," *NBC Nightly News*, September 1, 2015, http://www.nbcnews.com/storyline/fight-for-the-arctic/obamas-arctic-trip-buoys-climate-refugees-n413726.

[21] Charles P. Pierce, "Shishmaref, Alaska Is Still Falling into the Sea," *Esquire*, December 10, 2014, http://www.esquire.com/news-politics/politics/a32091/the-lessons -from-a-dying-village/.

[22] McFadden, Whitman, and Connor, "Washed Away."

[23]　Alex DeMarban, "Eroding Alaska Village Urges Congress to Address Climate Change," *Alaska Dispatch News*, January 16, 2014, https://www.adn.com/ environment/article/eroding-alaska-village-urges-congress-address-climate-change/2014/01/17/.

[24]　Ibid.

[25]　McFadden, Whitman, and Connor, "Washed Away."

[26]　Stephen Sackur, "The Alaskan Village Set to Disappear Under Water in a Decade," BBC News, July 30, 2013, http://www.bbc.com/news/ magazine-23346370.

[27]　"Shishmaref Residents Vote to Move Village," Associated Press, July 21, 2002, http://peninsulaclarion.com/stories/072102/ala_072102alapm0020001.shtml#. WBek-slcj5M.

[28]　Adam Wernick, "Will These Alaska Villagers Be America's First Climate Change Refugees?" Public Radio International, August 9, 2015, http://www.pri. org/stories/2015–08–09/will-residents-kivalina-alaska-be-first-climate-change-refugees-us.

[29]　"Kivalina lawsuit (re: global warming)," Business & Human Rights Resource Center, June 26, 2013, http://business-humanrights.org/en/kivalina-lawsuit-re-global-warming.

[30]　Wernick, "Will These Alaska Villagers?"

[31]　"Kivalina lawsuit (re: global warming)," Business & Human Rights Resource Center.

[32]　Lawrence Hurley, "U.S. Supreme Court Declines to Hear Alaska Climate Change Case," Reuters, May 20, 2013, http://www.reuters.com/article/usa-court-climate-idUSL2N0DW2B020130520.

[33]　Bill McKibben quote is a book endorsement on Amazon.com for Christine Shearer's, "Kivalina: A Climate Change Story," Haymarket book reviews, July 2011.

[34]　Wernick, "Will These Alaska Villagers?"

[35] Pierce, "Shishmaref, Alaska."

[36] Jillian Rogers, "Arts Organization to Give Kivalina $500,000 Grant for Relocation," *Alaska Dispatch News*, July 26, 2015, https://www.adn.com/rural-alaska/article/arts-organization-give-kivalina-500000-grant-relocation/2015/07/26/.

[37] Don Callaway, "The Long-Term Threats from Climate Change to Rural Alaskan Communities," *Alaska Park Science* 12, no. 2: Climate Change in Alaska's National Parks, http://www.nps.gov/articles/aps-v12-i2-c15.htm.

[38] Andrew Freedman, "This Louisiana Tribe Is Now America's First Official Climate Refugees," Mashable, February 18, 2016, http://mashable.com/2016/02/18/america-first-climate-refugees/#BdWnBWOIHiqL.

[39] Shirley Laska et al., "Layering of Natural and Human-Caused Disasters in the Context of Sea Level Rise: Coastal Louisiana on the Edge," in Michelle Companion, ed., *Disaster's Impact on Livelihood and Cultural Survival: Losses, Opportunities, and Mitigation* (CRC Press, 2015), 227.

[40] Rick Jervis, "Louisiana Bays and Bayous Vanish from Nautical Maps," *USA Today*, February 12, 2014.

[41] Bob Marshall, "New Research: Louisiana Coast Faces Highest Rate of Sea-Level Rise Worldwide," The Lens, February 21, 2013.

[42] Bob Marshall, Brian Jacobs, and Al Shaw, "Losing Ground," ProPublica and The Lens, August 28, 2014, http://projects.propublica.org/louisiana/.

[43] Ibid.

[44] Freedman, "This Louisiana Tribe."

[45] Terri Hansen, "Biloxi-Chitimacha-Choctaw Get $48 Million to Move Off of Disappearing Louisiana Island," Indian Country Today, February 5, 2016.

[46] Sue Sturgis, "Losing Its Land to the Gulf, Louisiana Tribe Will Resettle with Disaster Resilience Competition Award Money," *Facing South* (February 9, 2016) https://www.facingsouth.org/2016/02/losing-its-land-to-the-gulf-louisiana-tribe-will-r.html.

[47] Freedman, "This Louisiana Tribe."

[48] Heath Allen, "Vanishing Tribe: Coastal Erosion Threatens Survival of Biloxi-Chitimacha-Choctaw," WDSU, February 22, 2016, http://www.wdsu.com/article/vanishing-tribe-coastal-erosion-threatens-survival-of-biloxi-chitimacha-choctaw/3384770.

[49] Sue Sturgis, "Losing Its Land to the Gulf, Louisiana Tribe Will Resettle with Disaster Resilience Competition Award Money," Institute for Southern Studies, February 9, 2016.

[50] Freedman, "This Louisiana Tribe."

[51] Allen, "Vanishing Tribe."

[52] Ibid.

[53] Bob Marshall, Al Shaw, and Brian Jacobs, "Louisiana's Moon Shot," ProPublica and The Lens, December 8, 2014, http://projects.propublica.org/larestoration.

[54] Ibid.

[55] Bob Marshall, "New Research."

[56] Marshall, Shaw, and Jacobs, "Louisiana's Moon Shot."

[57] Robert McLean and Irene Chapple, "BP Settles Final Gulf Oil Spill Claims for $20 Billion," CNN Money, October 16, 2015, http://money.cnn.com/2015/10/06/news/companies/deepwater-horizon-bp-settlement/.

[58] Jervis, "Louisiana Bays and Bayous."

[59] Nathaniel Rich, "The Most Ambitious Environmental Lawsuit Ever," New York Times, October 2, 2014, http://www.nytimes.com/interactive/2014/10/02/magazine/mag-oil-lawsuit.html?_r=0.

[60] Ibid.

[61] "As Louisiana's Coastline Shrinks, a Political Fight over Responsibility Grows," PBS Newshour, May 27, 2014.

[62] Annie Snider, "Levee Board Picks Fight with Oil and Gas Industry, Roiling La.," E&E News, August 28, 2013.

[63] "As Louisiana's Coastline Shrinks."

[64] "Judge Rejects Suit over Louisiana Drilling," Associated Press, February 13,

2015, http://www.nytimes.com/2015/02/14/us/judge-rejects-suit-over-louisiana-drilling.html.

[65] Mark Schleifstein, "Federal Judge Dismisses Levee Authority's Wetlands Damage Lawsuit against Oil, Gas Companies," *Times-Picayune*, February 13, 2015, http://www.nola.com/environment/index.ssf/2015/02/federal_judge_dismisses_east_b.html.

[66] Mark Schleifstein, "Jefferson, Plaquemines Parishes File Wetland Damage Lawsuits against Dozens of Oil, Gas, Pipeline Companies," *Times-Picayune*, November 12, 2013, last updated March 15, 2016, http://www.nola.com/environment/index.ssf/2013/11/jefferson_plaquemines_parishes.html.

[67] Cain Burdeau, "Louisiana Parish Drops Suits against Oil and Gas Companies," Associated Press, November 12, 2015, http://www.bigstory.ap.org/article/9c4fa662ee4c4a5585e12495fb39adcd/louisiana-parish-drops-suits-against-oil-and-gas-companies.

[68] Burdeau, "Louisiana Parish Drops Suits." http://www.bigstory.ap.org/article/9c4fa662ee4c4a5585e12495fb39adcd/louisiana-parish-drops-suits-against-oil-and-gas-companies.

[69] Snider, "Levee Board Picks Fight."

[70] Linda Qiu, "Direct Revenues from Offshore Oil and Gas Drilling to Increased Coastal Hurricane Protection," Politifact, August 20, 2015.

[71] "President Proposes $13.2 Billion Budget for Interior Department," Office of the Secretary of Interior, February 2, 2015 https://www.doi.gov/news/pressreleases/president-proposes-13-2-billion-budget-for-interior-department.

[72] Kelsey Snell, "Republicans Reject Obama Budget, Facing Spending Fights of Their Own," *Washington Post*, February 9, 2016, https://www.washingtonpost.com/news/powerpost/wp/2016/02/06/republicans-ready-to-reject-obama-budget-facing-spending-fights-of-their-own/.

[73] Marshall, Shaw, and Jacobs, "Louisiana's Moon Shot."

[74] Allison Plyer, "Facts for Features: Katrina Impact," The Data Center, August

28,2015.

[75] "Mapping Migration Patterns post-Katrina," *Times-Picayune*, http://www.nola.com/katrina/index.ssf/page/mapping_migration.html.

[76] Laura Bliss, "10 Years Later, There's So Much We Don't Know about Where Katrina Survivors Ended Up," City Lab, August 25, 2015, http://www.citylab.com/politics /2015/08/10-years-later-theres-still-a-lot-we-dont-know-about-where-katrina-survivors-ended-up/401216/.

[77] Jonathan Tilove, "Five Years after Hurricane Katrina, 100,000 New Orleanians Have Yet to Return," *Times-Picayune*, August 24, 2010, http://www.nola.com/katrina/index.ssf/2010/08/five_years_after_hurricane_kat.html.

[78] Lynn Weber, "No Place to Be Displaced: Katrina Response and the Deep South's Political Economy," *Institute for Southern Spaces*, August 17, 2012, https://southernspaces.org/2012/no-place-be-displaced-katrina-response-and-deep-souths-political-economy.

[79] Ibid.

[80] Bliss, "10 Years Later."

[81] Kristin Carlisle, "It's Like You're Walking but Your Feet Ain't Going Nowhere," National Housing Institute, Fall 2006, http://www.shelterforce.org/article/729/its_like_youre_walking_but_your_feet_aint_going_nowhere/.

[82] Daniel J. Hopkins, "Flooded Communities: Explaining Local Reactions to the Post-Katrina Migrants," *Political Research Quarterly* 20, no. 10 (2011): 1–17; Ryan Holeywell, "No, Katrina Evacuees Didn't Cause a Houston Crime Wave," *Houston Chronicle*, August 26, 2015.

[83] David Roberts, "Hurricane Katrina Showed What 'Adapting to Climate Change' Looks Like," Vox, August 24, 2015, http://www.vox.com/2015/8/24/9194707/katrina-climate-adaptation.

[84] "New Orleans Ten Years after the Storm: African Americans and Whites Live Differing Realities," Henry J. Kaiser Family Foundation, August 10, 2015, http://kff.org/infographic/new-orleans-ten-years-after-the-storm-african-americans-and-

whites-live-differing-realities/.

[85] "Hurricane Sandy Fast Facts," CNN Library, CNN.com, November 2, 2016 http://www.cnn.com/2013/07/13/world/americas/hurricane-sandy-fast-facts/.

[86] Patrick McGeehan and Griff Palmer, "Displaced by Hurricane Sandy and Living in Limbo," *New York Times*, December 6, 2013, http://www.nytimes.com/2013/12/07/nyregion/displaced-by-hurricane-sandy-and-living-in-limbo-instead-of-at-home.html.

[87] Russ Zimmer, "Report: Thousands of Sandy Families Waiting on State," *Asbury Park Press*, February 4, 2015, http://www.app.com/story/news/local/2015/02/04/sandy-recovery-report/22885571/; "The State of Sandy Recovery Two and a Half Years Later, Over 15,000 Families Still Waiting to Rebuild," Fair Share Housing Center Second Annual Report, February 2015.

[88] "The State of Sandy Recovery Fixing What Went Wrong with New Jersey's Sandy Programs to Build a Fair and Transparent Recovery for Everyone," Fair Share Housing Center, Housing and Community Development Network of New Jersey, Latino Action Network, and NAACP New Jersey State Conference, January 2014.

[89] Andrea Thompson, "Storm Surge Could Flood NYC 1 in Every 4 Years," Climate Central, April 25, 2014, http://www.climatecentral.org/news/storm-surge-could-flood-nyc-1-in-every-4-years-17344.

[90] Ibid.

[91] "Sea Level Rise Accelerating in U.S. Atlantic Coast," USGS.gov, June 24, 2012, https://www.usgs.gov/news/sea-level-rise-accelerating-us-atlantic-coast.

[92] Kevin E. Trenberth, John T. Fasullo, and Theodore G. Shepherd, "Attribution of climate extreme events," *Nature Climate Change* 5, June 22, 2015.

[93] Thompson, "Storm Surge."

[94] "Explaining Extreme Events of 2012 from a Climate Perspective," Special Supplement to the *Bulletin of the American Meteorological Society* 94, no. 9 (September 2013).

[95] Joe Romm, "Superstorm Sandy's Link to Climate Change: 'The Case Has

Strengthened' Says Researcher," ThinkProgress, October 28, 2013, https://
thinkprogress.org/superstorm-sandys-link-to-climate-change-the-case-has-
strengthened-says-researcher-f80927c1d033#.3b7smjj0w.

[96] "Risks of Hurricane Sandy–like Surge Events Rising," Climate Central, January
24, 2013, http://www.climatecentral.org/news/hurricane-sandy-unprecedented-in-
historical-record-study-says-15505.

[97] Lydia O'Connor, "More Than 400 U.S. Cities May Be 'Past the Point of No
Return' with Sea Level Threats," Huffington Post, October 13, 2015, last
updated October 14, 2015, http://www.huffingtonpost.com/entry/us-cities-sea-level-
threats_us_561d338fe4b0c5a1ce60a45c.

[98] Victoria Herrmann, "America's Climate Refugee Crisis Has Already Begun,"
Los Angeles Times, January 25, 2016, http://www.latimes.com/opinion/op-ed/la-oe-
0125-herrmann-climate-refugees-20160125-story.html.

[99] "State Mitigation Plan Review Guide," Federal Emergency Management
Agency,March 2015.

[100] Avery G. Wilks, "Columbia Has Extensive Flood Recovery Wish List," *The
State*,March 1, 2016.

[101] Rich McKay, "At Least 17 Dead as Flooding Threat Persists in South
Carolina," Reuters, October 7, 2015.

[102] 2014 National Climate Assessment, US Global Change Research Program.

[103] Neena Satija, Kiah Collier, Al Shaw, and Jeff Larson, "Hell and High
Water," *Texas Tribune* and ProPublica, March 3, 2016.

[104] Dave Boyer, "Bobby Jindal Blasts New FEMA Rule on Climate Change,"
Washington Times, March 24, 2015, http://www.washingtontimes.com/news/2015/
mar/24/bobby-jindal-blasts-new-fema-rule-climate-change/.

[105] Ibid.

[106] Tristram Korten, "In Florida, Officials Ban Term 'Climate Change,' " Florida
Center for Investigative Reporting, March 8, 2015, http://fcir.org/2015/03/08/in-
florida-officials-ban-term-climate-change/.

[107] Lydia Wheeler, "Feds to Require Climate Change Plans for States Seeking Disaster Relief," *The Hill*, May 5, 2015, http://thehill.com/regulation/241050-gop-lawmakers-ask-fema-to-explain-new-disaster-grant-requirement.

[108] "Scientist Predicts Mass Exodus of Climate Refugees to Pacific Northwest," *Global News*, January 2, 2015, http://globalnews.ca/news/1750950/scientist-predicts-mass-exodus-of-climate-change-refugees-to-pacific-northwest/.

[109] Cliff Mass, "Will the Pacific Northwest Be a Climate Refuge under Global Warming?" Cliff Mass Weather Blog, July 28, 2014, http://cliffmass.blogspot.ca/2014/07/will-pacific-northwest-be-climate.html.

[110] Knute Berger, "Climate Refugees Are Coming to the Pacific Northwest," September 16, 2014, Crosscut.com, http://crosscut.com/2014/09/climate-refugees-pacific-nw-knute-berger/.

[111] Ernest Callnbach, *Ecotopia: The Notebooks and Reports of William Weston* (Berkely, CA: Banan Tree Books, 1975).

[112] Paolo Bacigalupi, *The Water Knife* (New York: Vintage Books, 2016).

[113] "What If the Drought Doesn't End? 'The Water Knife" Is One Possibility," NPR.org, May 23, 2015, http://www.npr.org/2015/05/23/408756002/what-if-the-drought-doesnt-end-the-water-knife-is-one-possibility.

第五章

拉丁美洲：多雨之地，缺水之地

"最近雨下得非常多、非常多。降水量是前所未有的……我们不想离开自己的土地。这里有我们的过去、我们的记忆、我们的祖先。我们不想移居到其他地方，我们不知道在那里能做什么。我们会变成犯罪分子，会陷入城市里那种贫困循环。"

——达里奥·罗德里格斯（Octavio Rodriguez），哥伦比亚苏克雷省拉斯卡拉库查市

移民危机近在眼前，而且由来已久。中美洲有数以万计的妇女和儿童正在逃离，进而影响边境安全。许多儿童是孤身一人。也有许多人被迫返回，其他留下来的人，又要面对种族主义和敌意，但留在美国毕竟比回去过得好。

保障边境安全和为来自南美洲的移民与难民提供照顾及社会服务的挑战非常艰巨，可以单独写几本书来讨论这个主题。本书要讨论的是推动人们逃离、迫使人们移民和不可避免地加剧难民危机的广泛环境因素。在边境安全方面，移民问题在公共领域引起了大量讨论，但很快围绕拉丁美洲难民的讨论可能不得不转向气候变化。

气候变化：谁是最大的受害者？

拉丁美洲和加勒比地区是全球最易受气候变化和恶劣天气影响的地区

之一。这里的每个地区都面临着独特的威胁和恶劣的环境；有些地区面临的挑战是多重的。在中美洲，非常普遍的干旱导致缺水和粮食危机。同时，短暂的雨季带来了大量破坏。缺水和粮食危机与山洪及山体滑坡一样常见。在附近的沿海国家和加勒比岛屿，飓风持续不断地肆虐。在南美洲，砍伐亚马孙雨林造成了土地干旱和降雨减少。严酷的环境将人们从农业社区带入城市，在整片大陆的干旱之外，他们还面临严重的水资源短缺。

仅 2015 年前 3 个月，拉丁美洲和加勒比地区就有 450 万人受到环境灾害的影响，首要原因是洪水和风暴，其次是干旱和粮食短缺（图 5.1）。为了做出回应，政府一直在大量限制用水量，发放种子包，并呼吁外援。但是，这些只能暂缓问题，长远来看不是解决办法。

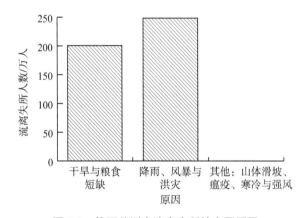

图 5.1　拉丁美洲人流离失所的主要原因

数据来源：联合国人道主义事务协调办公室，《人道主义公报：拉丁美洲和加勒比》第 21 卷（2015 年 1—4 月）。

拉丁美洲同时也是世界上暴力最严重的地区之一，这迫使父母不得不送孩子独自逃离，以躲避潜在的伤害甚至死亡。[1] 随着气候变化加速，越来越多的地方变得无法生存，将有更多的人逃离这个地区，拉丁美洲将成为世界上最大的环境难民来源地之一。

干旱：确实存在且日益严重

随着地球日益变暖，拉丁美洲的旱情无疑正在恶化。即使在中美洲热带地区，极端干旱仍然猖獗。这个地方常常让人联想到郁郁葱葱的雨林。尽管热带云雾林散布于整个中美洲，这片陆地上却有一片被称为"干燥走廊"（西班牙语为"Corredor Seco"，图5.2）的干旱区域，巴拿马、洪都拉斯、尼加拉瓜、萨尔瓦多和多米尼加共和国都在这个区域之内。干燥走廊近年来一直受到严重干旱的冲击。它与潮湿的海洋之间隔着加勒比地区的沿海山脉，造成降雨带。该地区的旱季比周围地区时间更长，如果雨季因为"厄尔尼诺"现象或气候变化缩短，这里就更容易受到干旱的侵袭。[2]

2014年，危地马拉政府宣布进入紧急状态，要求严格限制用水并增加援助资金。2015年8月，巴拿马和洪都拉斯纷纷效仿，宣布进入紧急状态。[3]干燥走廊面临的干旱风险导致粮食短缺，饥饿促使这里的人们穿过墨西哥向美国移民。许多人移民美国是为了躲避这里的饥饿或因资源短缺而产生的暴力冲突。

2014—2015年，干燥走廊持续干旱，大量农作物死亡，数百万人受到冲击。据联合国人道主义事务协调办公室（OCHA）的数据，总计有350万人受到影响。截至2015年10月，200万人急需粮食、医疗和其他方面的援助。[4]由于缺乏足够的资源，许多人面临登革热和营养不良的风险，这对5岁以下儿童尤其危险。一位名叫埃斯佩兰萨（Esperanza）的萨尔瓦多咖啡采摘工说："我们看到这里的孩子发生了严重的营养不良，有的情况很严重。我们也看到老年人由于缺乏食物而变得更加疲倦。"[5]

这场危机凸显了该地区居民面对干旱的极端脆弱性：生活在干燥走廊的自给型农民、劳工和低收入家庭，需要依靠持续降雨维持生活。降雨突然增多或减少，都会导致作物歉收和粮食减产，威胁到农业地区的生计。2014—2015年的干旱造成了惨重的损失：仅在萨尔瓦多就有价值近1亿美元的作物遭到破坏，影响了10多万农民。该国农业和畜牧部不得不介入，分发了成千上万的种子包，让农民能够补种萨尔瓦多人饮食中必需的玉米和豆类作物。[6]

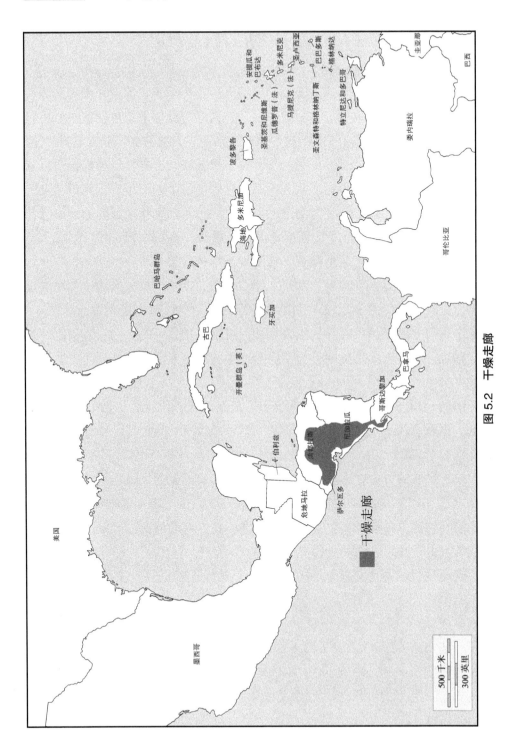

图 5.2 干燥走廊

在干燥走廊，干旱和相应的饥荒并不罕见。但近几十年来越发恶化。联合国报告称，危地马拉 5 岁以下儿童中，近一半"由于长期营养不良而发育迟缓"。[7] 2009 年，干旱和高粮价在危地马拉导致了严重的饥荒，国家进入紧急状态。联合国世界粮食计划署执行主任在谈到这种情况时说："妇女和儿童已经陷入这场饥饿危机的旋涡之中，并且正在为生存而拼命挣扎。"[8]

2014 年的干旱更严重，是干燥走廊 40 年来持续最久的干旱。这场干旱的严重程度突显出该地区独有的干旱和降雨脆弱性：这里的土地基本是未经灌溉的，仅依靠降雨来滋润。[9] 欧盟委员会人道主义援助办公室称，该地区的粮食安全程度在中美洲是最差的。

该地区旱季往往是从 1 月持续到 4 月，但最近延长到 6 月或 7 月。遇到 2 ~ 7 年一次的"厄尔尼诺"，旱季通常会持续更久。在极度干旱的几年中，旱季甚至持续到 10 月。[10] 此外，干燥走廊的总面积也可能在扩大。洪都拉斯紧急救援机构国际合作部主任何塞·安东尼奥·贝拉斯克斯（José Antonio Velásquez）告诉 Funesion.net，过去 30 年来，洪都拉斯的干燥走廊规模几乎增加到原来的 3 倍。"干燥走廊现在覆盖全国近 45％的领土"，他说，过去干燥走廊范围"仅限于该国的南部，靠近尼加拉瓜边界"。[11] 随着全球变暖，干燥走廊的气候将变得更加严酷，生活将变得更加困难。

干旱地区的雨水导致作物歉收和山体滑坡

即使在干燥走廊，雨季也并不总是一种恩惠。洪水和风暴对该地区的破坏可能与干旱相当，甚至更糟。联合国人道主义事务协调办公室认为，2015 年前 3 个月，洪水和风暴影响到 250 万人，是拉丁美洲人面临的最大威胁。[12]

干燥走廊非常依赖雨季来滋润土地。但是，如果旱季持续时间超过正常时间，土地被吸干，那么降雨可能就从"祝福"变成"诅咒"。雨水涌入导致山洪爆发，冲毁耕地。热带风暴、超级风暴和飓风造成的破坏比它们带来的好处多得多。

例如，干燥走廊在 2009 年发生极端干旱，随后发生热带风暴，造成数千人死亡。危地马拉、萨尔瓦多和尼加拉瓜的粮食生产在干旱期间都遭受了巨大损失，并且受到随后的热带风暴"艾达"（Tropical Storm Agatha）的打击。"艾达"对 4 万名尼加拉瓜人造成了影响，使 1.3 万人无家可归。[13]

2010 年，热带降雨袭击了中美洲，总降水量远高于年平均水平。[14] 暴雨导致了洪水和山体滑坡，农业生产恶化，严重影响该地区的粮食供应。其中，热带风暴"阿加莎"摧毁了 350 间房屋，导致 99 人死亡，其中 13 人死于危地马拉的一处山体滑坡。[15]

2009 年，热带风暴"艾达"为中美洲的萨尔瓦多带来了空前的降雨量，两天之内降水达到 17 英寸，导致山体滑坡，摧毁了数十间房屋。至少有 190 人死亡，1 万人流离失所，被迫进入避难所。[16]

2011 年，在中美洲的萨尔瓦多、危地马拉、洪都拉斯和尼加拉瓜，山体滑坡造成至少 80 人死亡。英国广播公司报道称："国际高速公路已经损坏，孤立的村庄和成千上万的家庭失去了住房和农作物。"[17]

2014 年 10 月，尼加拉瓜和周边国家的山体滑坡造成 30 多人死亡，[18] 890 间房屋被淹，24 间房屋被毁。[19]

洪水引发的山体滑坡是干燥土地上的极端降雨造成的。随着气候变化，这两方面预计将会恶化，甚至有人预测说现在已经开始恶化了。自 1970 年以来，全球气温每 10 年上升近 0.2℃。[20] 与此同时，根据国际农业研究磋商小组（Consultative Group on International Agricultural Research）的研究，虽然平均降水量没有增加，但"单次降雨正在加剧，潮湿和极为潮湿天气的影响正在增加"。[21]

"厄尔尼诺"现象是如何发生的

当然，中美洲的气候变化也有自然因素的影响。如果你在互联网上搜索"导致中美洲旱灾的原因"，肯定会发现答案是"厄尔尼诺"。作为一种自然现象，"厄尔尼诺"已经持续数千年，问题是，有证据表明气候变化使"厄尔尼诺"现象不断恶化。

　　"厄尔尼诺"—南方涛动或者"厄尔尼诺"现象，是指每隔数年在太平洋发生的一次气象现象，影响地球许多地区的天气。最糟的旱季，以及由此带来的最严重干旱，都发生在"厄尔尼诺"年。这一现象在19世纪由秘鲁渔民命名，他们注意到每隔几年圣诞节期间就会出现温暖洋流。

　　以下是"厄尔尼诺"现象的原理。通常情况下，信风在太平洋上从东向西吹，从南美洲西海岸到亚洲东海岸。南美洲被日照加热的海水随信风抵达东南亚、沉入压力相对较小的海底，会沿着海底返回南美洲。返回的海水已经冷却，到达南美洲时会上升，从海底带来营养物质，并冷却大气。在"厄尔尼诺"年，这种模式被打乱了。强劲的西风将东风吹回来，温暖的海水回到南美洲东岸。其结果是相反的：在太平洋沿岸，中美洲的气温变暖，导致炎热天气和持续干旱；相反，在加勒比海岸，因为温暖的气流蕴藏着更多的水分，南美洲和中美洲降雨与洪水更严重。

　　联合国粮食和农业组织此前曾将拉丁美洲的主要作物损失归因于"厄尔尼诺"。[22] 粮农组织资料显示，2015年，由该地区农业部长领导的中美洲农业委员会宣布，"成千上万的自给型农民已经丧失了部分或全部主要作物季节5—9月种植的农作物"。但粮农组织经济学家费利克斯·巴奎达诺（Felix Baquedano）指出，2015年的"厄尔尼诺"条件比过去更糟糕，部分原因是此前两年经历了"日益加剧的干旱天气"。因此，巴奎达诺说："我们应该帮助农民在下一个季节增收，弥补一些损失。"[23]

　　多项研究表明，气候变化可能导致类似"厄尔尼诺"现象但更为激烈的"极端"或"超级""厄尔尼诺"现象更加频繁。[24] 超级"厄尔尼诺"现象带来极其严重的后果，在中美洲导致炎热、干燥的天气和更多暴风雨天气模式（如上所述，"厄尔尼诺"地区是否会变得更干旱或将会经历更严重的风暴取决于特定地理位置）。超级"厄尔尼诺"现象导致了秘鲁的山体滑坡、印度尼西亚的山火喷发、南美洲鳀鱼产业的大规模破坏，在全球造成的损失高达450亿美元，死亡2.3万人。[25]

　　澳大利亚联邦科学与工业研究组织的气候研究人员表示，随着气候变化加剧，超级"厄尔尼诺"现象可能会像现在这样频繁发生。[26] 他们认为，历史上极端"厄尔尼诺"现象每20年发生一次；由于气候变化，该现象发生的频率可能增加到每 10 年一次。其他研究预测的极端"厄尔尼诺"事件频率增幅不大。[27] 但是 2015 年是有记录以来最暖的一年，经历了有记录以来最强劲的"厄尔尼诺"现象。[28] 发生在 2015 年最后几个月和 2016 年年初的"厄尔尼诺"现象只能用"怪物"一词来形容了。美国宇航局科学家威廉·帕则特（William Patzert）说，超级"厄尔尼诺"现象可能会成为"哥斯拉""厄尔尼诺"。[29] 除了中美洲的干旱，智利和巴西北部也面临着"厄尔尼诺"现象可能导致更严重干旱的天气。[30]

干旱和粮食短缺与移民息息相关

在中美洲，干旱引发紧急状态并不罕见。居民和专家都认为，干旱是该地区居民向北迁移到墨西哥与美国的原因。在 2014 年的干旱之后，美洲农业合作研究所的危地马拉农业工程师拜伦·麦地那（Bayron Medina）预测："如果两个月内干旱没有结束，就会出现饥荒，人们将前往美国。"干旱最终结束了，但麦地那指出的是类似这样地区的人们的普遍思路。他补充说，危地马拉的干旱在过去 10 年里一直在"加剧和加速"。[31] 用移民的办法来应对是司空见惯的。

关于干旱引发的移民如何造成贫困有不同的观点。对于某些人来说，移民是奢侈的，是富人的一种特权。美洲对话智库的曼努埃尔·奥罗斯科（Manuel Orozco）说："穷人无法移民，他们不是移民的主体。"奥罗斯科表示，干旱可能会增加移民，但"移民的人是那些有能力走出去的人"。[32] 也有一些人则将移民直接归因于贫困，如奥克斯坎人（Oaxacan）土著社区发展双边中心执行董事莱昂西奥·瓦斯克斯（Leoncio Vasquez），当被问到有关最近几年由于干旱而从墨西哥转移到美国的 12 万人的原因时，瓦斯克斯回答说："这百分之百是贫困造成的。"但他补充说，"贫困往往是干旱导致的。如果不能耕种，就没有饭吃，人们就开始用其他方法谋生，如砍树卖木材，然后就陷入恶性循环……这些人想法都是一样的，只是想要活下去而已。但如果有一天连生存都困难了，那就只好收拾东西离开。"[33]

干旱与移民之间的关系还没有定论。一些研究发现，在墨西哥和撒哈拉以南非洲等地区，干旱与被迫移民之间有直接关系；也有人认为，干旱引发的移民取决于环境。[34]但越来越多的人认为严重的干旱可以导致移民，并且已经找到实例。随着干旱恶化，移民问题将更加显著。

尽管对于干旱与移民之间的联系可能有争议，粮食安全与移民之间的密切联系是公认的。国际移民组织（International Organization for Migration，IOM）和联合国世界粮食计划署（World Food Programme, WFP）曾联合对此进行了专题研究。 2015 年的一份调查报告详细介绍了在中美洲 3 个国家萨尔瓦多、危地马拉和洪都拉斯的粮食短缺状况是如何引发移民的。[35]研究发现，在这些国家，饥饿、暴力和移民相互交织在一起，当该地区"受到长期干旱的影响或遭受连续两年的干旱"后情况更加严重。报告证明了很多人假定的情况：粮食短缺导致移民。[36]

尽管粮食短缺和移民之间的关系十分明确，只要花时间研究就能发现，但这种关系很少引起讨论。粮食署和移民组织的报告发现，粮食安全"很少出现在目前关于移民与发展的辩论中"，这个问题"被视为只影响农村贫困人口，而这部分人口不代表整个移民群体"。[37]

或许这两个问题放在一起讨论，能帮助公众理解气候变化与难民之间的关系。 毕竟，气候变化与粮食安全之间的关系不难理解，并且已被多个国际组织全面记录。[38]粮食短缺的影响范围广泛。根据粮食署的报告，2014 年中美洲旱灾导致的粮食危机，造成近 300 万人饱受饥饿困扰。[39]危地马拉 70% 的土地受到干旱影响，影响到一半的人口。儿童慢性营养不良问题日益严重。[40]更糟糕的是，全球变暖会阻碍对抗饥饿的努力。慈善组织乐施会已详细说明气候变化怎样使数十年来根除饥饿的努力功亏一篑。[41]要保证粮食供应，还需要做很多方面的努力。

全球变暖减少了粮食供应，增加了粮食短缺，同时也阻碍了解决粮食安全和饥饿的努力，这又是一个气候变化的恶性循环，会不可避免地导致被迫移民。从全球变暖到出现难民可能需要 1 ~ 2 个步骤，但它们之间的联系是确实存在的。

海平面上升对加勒比地区有何负面影响

预计到 21 世纪末，如果海平面上升 1 米，加勒比海地区许多岛屿会遭受灾难性打击。[42] 然而，正如第三章中所讨论的，许多研究表明海平面上升幅度将远大于此。文献显示，至少在加勒比地区，21 世纪海平面会上升 1～2 米。即使是达到这一估计范围的下限，海平面上升也会对加勒比共同体国家（加共体）产生严重影响。联合国的一份报告详细说明了这一看似微不足道的海平面上升对加共体国家的意义。海平面只要上升 1 米（即估计范围的下限），就会将"永久淹没"总土地面积的 1%。这 1% 土地非常重要，是该地区最有价值的土地。巴哈马特别脆弱，5% 的土地将被永久淹没，5% 的人口将流离失所，安提瓜和巴布达被永久淹没的土地比例为 2%，3% 的人口将流离失所。[43]

除了生活在即将永久淹没地区的人们，但还有更多的人会受到持续洪水和风暴潮的影响。例如，在巴哈马，由于海平面上升和风暴潮，22% 的人口面临洪水风险。在 21 世纪结束之前，该国每年在这方面的花费高达 20 亿美元。总而言之，加勒比地区各国至少有 11 万人将离开他们的家园而流离失所。洪水也预计每年会给该地区的经济造成数十亿美元的损失，但这些国家帮助人们应对灾难的资源有限。[44] 以上气候变化带来的灾难损失的计算都是比较有把握的，毕竟海平面上升 1 米的预测成真的可能性很大。[45] 如果海平面上升 2 米，情况会更糟，流离失所的人数会加倍。[46]

然而，即使海平面上升，加勒比地区国家也面临着极端干旱，让人想起"水、水，无处不在，却不能喝"这句话。2015 年夏季出现了 5 年来最严重的干旱。[47] 海地的作物损失一半，多米尼加当时预计会减产 30%。波多黎各受到的冲击尤为严重，该国半数以上的地区处于严重干旱状态。[48] 在限制用水量的情况下，数十名居民每 3 天只得到一次水。[49] 在有些地区，用水配给导致了动荡。用佛罗里达州记者蒂姆·帕吉特（Tim Padgett）的话来说，处于干旱、海平面上升和飓风夹击的加勒比地区"越来越像一块气候变化的垫脚垫"。[50]

正如前面所讨论的那样，中美洲容易受到干旱的影响，这个地区也存在海平面上升与干旱之间的相互影响。联合国气候报告强调，该地区容易受到海平面上升的冲击，特别是"地峡国家"尼加拉瓜、哥斯达黎加和巴拿马。该地区进行农业和经济活动，所依赖的沿海平原因海平面上升将侵蚀加剧，给这些本来面临农业困扰的国家再添一层压力。此外，由于海平面上升，海水会渗入沿海淡水层，进一步威胁该地区的供水。[51]

亚马孙上空：飓风带

飓风带来每小时数百英里速度的气流，引发巨浪，扫平房屋，淹没街道。飓风比长期存在的干旱、水土流失和海平面上升等问题更加恐怖和直接。对于那些已经容易受到气候变化影响的岛屿，飓风是全球变暖对他们的最后一击。过去，由飓风造成的移民一直是暂时的，人们只在国内范围迁移。但是，随着全球变暖影响加剧，如果一个社区遭受干旱和粮食短缺的蹂躏，房屋被飓风摧毁可能成为迫使居民离开该国的最后一根稻草。[52]

飓风已经造成数千甚至数百万中美洲人流离失所。举例来说，1998 年飓风"米奇"袭击了该地区，带来每小时 180 英里的飓风和高达 10 英尺的风暴潮，这场季节最强风暴造成了 1.8 万人死亡，是自 1780 年以来死亡人数最高的飓风。[53] 风暴使尼加拉瓜、洪都拉斯和萨尔瓦多的数百万人流离失所，其中许多人再也不能返回家乡。洪都拉斯的国际移民率上升了 300%。[54]

半球事务委员会（Council of Hemispheric Affairs）认为这是对世界其他地区的警告，称其为"拉丁美洲地区应对能力低下的例证"。[55] 该组织指出，即使采取了防灾和救灾对策，该地区在飓风季节仍有数十万人无家可归。

2004 年飓风"伊万"肆虐加勒比盆地，2005 年创下飓风季节纪录，2010 年热带风暴"马修"袭击委内瑞拉。令人非常担忧的是，预计未来几十年飓风会变得更加强劲，因为全球变暖的热量正在被海洋吸收，而更温暖的海洋水体则容易引发更强的风暴。[56]

在中美洲，气候变化的多重影响是显而易见的。由于易受各种恶劣天气影响，这里是最易受到全球气候变化影响的地区之一。今后几年，中美洲和南美洲之间，以及南美洲和美国之间跨越中美洲的移民将是重要问题。

城市化：压力和冲突的焦点

气候变化引发的流离失所并不总是意味着有人登记为难民，甚至不意味着有人离开自己的国家。其实，由于农村地区的农业生活方式容易遭受强烈的干旱或洪水侵袭的影响，气候变化可能会导致人们从农村迁移出去，进入城市。

全球城市化趋势非常广泛，预计还会扩大。然而，拉丁美洲处于这一趋势的最前沿，近几十年来已成为城市化程度最高的大陆。1950 年，只有 40%的拉丁美洲人口居住在城市。在 1990 年，这一比例是 70%。目前大约 80%的拉丁美洲人是城市居民。[57] 这个比例远远大于任何其他大陆的比例。[58] 但世界其他地区正在以类似的方式演变。到 2050 年，全球 70%的人口将居住在城市。[59] 拉丁美洲迅速城市化带来的问题，对于其他地区可能有警示作用。应对城市化的政策，有些能带来公平的治理和长期的经济发展，有些可能不可避免地使经济体系受到冲击，给食品、供水和医疗服务等资源造成压力，甚至在一些国家引发暴力，如巴西等国（图 5.3）。

对于面临极度干旱和作物歉收的农民来说，迁入城市似乎就有光明的未来。但是，在城市居住也面临特定的气候变化风险。首先，城市居民最容易受到极端高温天气的影响。随着全球变暖频率的增加，高温天气将更为多发。这在一定程度上是由城市"热岛效应"造成的。在城市建造过程中，森林被砍伐，其他自然环境遭到破坏，混凝土道路和高大、黑暗的建筑物取而代之，而建筑容易吸热和升温。热岛效应是可以致命的。热浪导致墨西哥北部的城市死亡率上升；[60] 布宜诺斯艾利斯夏季死亡人数的 10% 是高温造成的[61]。尽管存在风险，布宜诺斯艾利斯市仍然是受高温困扰农民的圣地。拉丁美洲和世界各地的城市化率将继续增加。到 2050 年，90% 拉丁美洲人口将住在城市中。[62] 这会导致水资源匮乏、基础设施匮乏、贫困和冲突等严重问题。巴西的情况就是很好的例子。

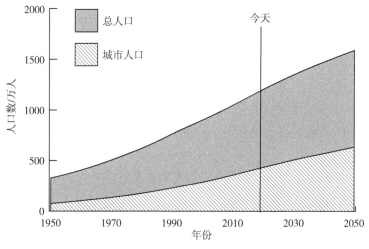

图 5.3　城市化和人口增长，过去和未来

数据来源：联合国世界城市化前景（2014 年修订版），http://esa.un.org/unpd/wup/cd-rom。

巴西：多年干旱导致城市化达到高峰

巴西农村地区的干旱促使移民涌入规模快速扩大的沿海城市。农民纷纷前往沿海和南部城市，农业受到影响，这种情况在巴西东北部尤为明显。[63] 新的城市化人口主要来自周边农业地区，这些地区也是曾经养活该国大部分劳动力的地方。[64] 预计，随着气温升高，巴西农村人口将继续减少。

新移民的生活水平并不理想。拉丁美洲有 1.1 亿人生活在超大城市中心的棚户区（近 1/5 的拉丁美洲大陆人口）。[65] 巴西现在有 3 个"特大城市"：里约热内卢、圣保罗和贝洛奥里藏特。[66] 与波多黎各一样，由于干旱天气和供水需求增加，圣保罗面临严格的用水限制。这里的居民每天只有几个小时能获得饮用水，数千人经历过长达几天的停水。由于用水困难，从 2015

年2月用水危机开始时，公寓楼管理人员就目睹了很多起激烈的争吵和暴力威胁。[67]

同年晚些时候，危机恶化了。3月的严重缺水导致暴乱。数百名公民在圣保罗街头抗议，他们喊着"水资源必须得到保证"的口号[68]，抗议者的领队伊格尔·席尔瓦（Igor Silva）表示，"我们要求在圣保罗州的所有地区均匀分配水资源"。巴西政府不承认进行了用水配给[69]。

由于无法应对干旱和水资源短缺，许多人已经开始离开圣保罗。一位不愿透露身份的水资源储备管理人员告诉美国国家公共电台（NPR），因为他的房屋受到配水限制，他把家人迁到了农村，他称自己为"水难民"。[70]

为了应对国内动荡，巴西官员考虑采取军事干预来维持和平。在一次政府官员、学者和军人参加的会议上，有人预测这个城市的水会枯竭，还有人预测这个城市需要进行每次为期5天的停水。[71]

该州水务公司的工程师保罗·马萨托（Paolo Massato）告诉南方电视台（Telesur）最坏的情况，将是"十分糟糕的。没有[原文如此]会没有食物，没有[原文如此]会没有电的……这将是世界末日的场景。[会有]成千上万的人，这可能会导致社会混乱。问题不仅在于缺水，它还远不止于此"。[72]截至2016年，巴西还没有转向警方介入，但讨论采取这类行动，本身就不是好兆头。

而且，这种威胁不仅限于圣保罗。一年前，位于圣保罗100千米外的伊图市因断水而导致排队领水的人发生争斗、抢劫和水车被盗。[73]人们只能认为，在其他特大城市停水也会导致类似的动乱事件，引发暴力行为，造成不利局面，迫使其他人离开。

亚马孙雨林每分钟都在减少

亚马孙热带雨林不仅充满了生态宝藏、美感和文化，它也是南美洲和整个世界的重要环境保障，是南美洲大部分地区的生命之源。它的面积不仅每分钟都在减少，而且由于气候变化，还会减少得更厉害。

亚马孙雨林的砍伐对南美洲其他地区的经济、文化和气候产生了巨大影响。短期内，砍伐促进了该地区持续干旱范围的扩大。[74] 巴西的前沿科学家安东尼奥·诺布雷（Antonio Nobre）警告说，亚马孙雨林退化导致了大气中的水分减少，并延长了干旱季节，造成干旱，导致了圣保罗等城市的动荡。[75]

另外，森林砍伐也导致下游地区发生大规模洪灾。砍伐森林导致侵蚀和径流增加，土地抵抗洪水的能力降低。在圣保罗面临严重干旱的同时，玻利维亚亚马孙地区爆发了洪水，造成数千人流离失所。[76] 2015年2月，玻利维亚北部一个叫科维哈（Cobija）的城镇，4000多人被迫离开家园。[77] 然而，与2014年的洪水和由此造成的山体滑坡的影响相比，这次的情况并不算严重。2014年的洪水造成至少56人死亡，5万多个家庭受到影响。[78] 长期以来，玻利维亚一直面临着洪水导致的流离失所问题。但2014年是25年来洪水泛滥最严重的一次，受影响的人数多达40万人。[79] 玻利维亚官员坚持认为，近年来，由于气候变化，洪水更加严重。[80] 2007年，联合国"国际水文计划"气候变化问题专家小组称，全球变暖使玻利维亚的洪水天气恶化的可能性高达80%。[81]

亚马孙河是该地区水和气候调节的必要条件。一个惊人现象是"空中河流"或"飞扬河流"。雨林树木实质上是一个巨大的水泵，吸收土壤中的水分并将其作为水蒸气抽出，这一过程称为蒸腾。蒸腾会产生大量的水分，排入天空的蒸汽比亚马孙河流入海洋的水量更大。亚马孙河在一天内向大西洋排放1700万吨水，而同时亚马孙雨林蒸发200亿吨蒸汽。[82] 这一过程对于将水输送到附近的国家非常重要。云层穿越整个拉丁美洲，通过降雨滋养农业经济。巴西东南部超过2/3的降雨来自这些空中河流。[83]

亚马孙的水文系统处于危险的转折点。在过去20年中，遭到砍伐的雨林面积相当于德国面积的两倍。根据诺布雷对该主题科学文献的综述，亚马孙雨林的破坏将导致更严重的干旱和其他恶劣天气。他警告说："植被—气候平衡已经摇摇欲坠。"[84]

诺布雷和其他许多关注亚马孙雨林状态的人呼吁停止砍伐和补植雨林。[85] 巴西现任总统迪尔玛·罗塞夫（Dilma Rousseff）放松了保护亚马孙雨林的努力。过去两年，森林砍伐率上升。[86] 这主要是由于非法采伐造成的，但也有社会活动家指责政府对非法经营的监督不力。根据巴西国家亚马孙研究院高级研究员丽塔·梅斯基塔（Rita Mesquita）的说法，如果目前的森林砍伐速度继续上升，那么这片雨林"可能会在 30 年或 40 年后消失"。[87]

非法采伐导致气候变化，气候变化反过来也造成亚马孙雨林遭到破坏。全球变暖将对森林造成极度破坏。较高的温度会降低该地区的降雨量，从而降低森林提供的"本土"降雨量，使土地变干。[88]雨林树种无法在干燥土壤中生长，树根毁坏后，整棵树也就倒下了。

目前，亚马孙雨林的旱季比 30 年前长 3 周。IPCC 预测，到 2100 年旱季最多增长 10 天。根据得克萨斯大学气候科学家傅荣的说法，旱季是"影响雨林最重要的气候条件"。[89]

英国国家气象局在 2009 年预测，全球变暖可能导致高达 40% 的死亡率。[90]虽然气象局一直认为情况不会更糟，但仍然有必要为此做出准备。[91]

亚马孙雨林的破坏是全球变暖的"正反馈"之一，它会加快全球变暖，从而加速雨林退化的进程等。作为世界上主要的碳库之一，亚马孙雨林对于对抗全球变暖是非常宝贵的，因此非常需要补植。然而，目前的森林砍伐已经超过了为保护该地区而采取的积极努力。[92]

与此同时，亚马孙的枯树也是温室气体排放的一个主要来源。2005—2010 年的干旱期间，亚马孙雨林排放了大量的二氧化碳；2005 年干旱期间的排放量超过了欧洲和日本的一年排放总量，虽然 2010 年干旱期间释放的排放量没有计算出来，但其影响更加深远。[93]除了森林砍伐/排放/气候变化周期，空气中更多的二氧化碳含量还会加速树木的生命周期，使树木更快枯死。[94]因此形成了循环：枯树引发干旱，而枯树排放的二氧化碳会提高温度，使更多树木枯死，如此循环往复。

拉丁美洲风景优美、历史悠久。然而，这片大陆上几乎每个地区都面临着全球变暖带来的多重威胁，影响着延续了几千年的生活方式。虽然极端天气造成的大规模移民基本发生在大陆内部，但相比于更远的迁徙，这对人的生命安全一样是威胁。通过移民到美国和其他地区，气候移民逃离南美洲大陆只是时间问题。人们已经开始努力使这个地区更好应对气候变化。当然，在必要的时候，也应该面对现实，解决不可避免的移民问题。

参考资料

Alex Randall, "Moving Stories: Latin America," January 28, 2014, *Climate and Migration Coalition,* http://climatemigration.org.uk/moving-stories-latin-america/.

[1] "Violence Is Causing Children to Flee Central America," Center for American Progress, August 12, 2014.

[2] Hugo G. Hidalgo, "Hydroclimatological Processes in the 'Central America Dry Corridor,'" http://envsci.rutgers.edu/~lintner/eftswg/Hidalgo_CorredorSeco.pdf.

[3] "Central America; Drought—2014–2015," Relief Web, accessed October 27, 2015, http://reliefweb.int/disaster/dr-2014-000132-hnd.

[4] Ibid.

[5] "Worst Drought in 40 Years Puts More Than 2 Million People in Central America at Risk," European Commission Humanitarian Aid Office, October 11, 2014, http://updates4696.rssing.com/chan-13436333/all_p513.html.

[6] "Drought Causes $100 Million in Crop Losses in El Salvador," Phys.org, August 10, 2015, http://phys.org/news/2015-08-drought-million-crop-losses-el.html#nRlv.

[7] "Worst Drought in Guatemala in Decades Affecting 2.5 Million People, UN Reports," UN News Centre, September 18, 2009, http://www.un.org/apps/news/story.asp?NewsID=32109#.WBo_kMlcj5M.

[8] "Hunger Crisis in Guatemala Draws Mounting Concern from UN Food Agency," United Nations News Centre, September 11, 2009, https://desertification.wordpress.com/2009/09/12/guatemala-hunger-crisis-unnews/.

[9] "Worst Drought in 40 Years."

[10] Jan-Albert Hootsen, "As Climate Changes, Central America Lags on Improving Food Security," World Politics Review, October 30, 2014, http://www.worldpolitics review.com/articles/14313/as-climate-changes-central-america-lags-on-improving-food-security.

[11] Tim Rogers, "Will Climate Change Hasten Central American Migration to US?" Fusion, August 14, 2014, http://fusion.net/story/6288/will-climate-change-hasten-

central-american-migration-to-us/.

[12] United Nations Office for the Coordination of Humanitarian Affairs, "Humanitarian Bulletin: Latin America and Caribbean," vol. 21, (January–April 2015).

[13] "Hurricane 'Ida' Leaves at Least 40,000 Victims in Nicaragua," Agence France- Presse, November 6, 2009; "Nicaragua: Storm 'Ida' Gains Hurricane Status," Agence France-Presse, November 8, 2009.

[14] "State of the Climate: Global Analysis For 2010," NOAA National Centers for Environmental Information, published online January 2011, retrieved on November 10, 2016 from http://www.ncdc.noaa.gov/sotc/global/201013.

[15] Juan Carlos Llorca, "First Tropical Storm of 2010 Kills 99 in Central America," Associated Press, May 30, 2010, http://www.seattletimes.com/nation-world/first-tropical-storm-of-2010-kills-99-in-central-america/.

[16] "Global Hazards—November 2009," National Oceanic and Atmospheric Administration, https://www.ncdc.noaa.gov/sotc/hazards/200911#flooding.

[17] "Central America Floods and Landslides 'Leave 80 Dead,'" BBC News, October 18, 2011.

[18] Adonai, "Days of Heavy Rain, Floods, and Deadly Landslides across Central America," The Watchers, October 20, 2014, http://thewatchers.adorraeli.com/2014/10/20/days-of-heavy-rain-floods-and-deadly-landslides-across-central-america.

[19] "Record Rains Flood Homes, Touch off Landslides in Nicaragua," Associated Press, October 10, 2014, http://globalnes.ca/news/1608751/record-rains-flood-homes-touch-off-landslides-in-nicaragua/.

[20] LuAnn Dahlman, "Climate Change: Global Temperature," National Climatic Data Center, January 1, 2015, accessed at http://www.climate.gov/news-features/understanding-climate/climate-change-global-temperature.

[21] Marengo JA, Chou SC, Torres RR, Giarolla A, Alves LM, Lyra A. 2014. Climate change in Central and South America: Recent trends, future projections, and impacts on regional agriculture. CCAFS Working Paper no. 73, https://cgspace.

cgiar.org/rest/bitstreams/33625/retrieve.

[22]　"Central America Faces Major Crop Losses Due to El Niño, Warns UN Agency," http://www.un.org/sustainabledevelopment/blog/2015/09/central-america-faces-major-crop-losses-due-to-el-nino-warns-un-agency/.

[23]　"Major Crop Losses in Central America due to El Niño," Food and Agriculture Organization, September 14, 2015, http://www.fao.org/news/story/en/item/328614/icode/.

[24]　"Global Warming-El Niño Link Stronger but Still Not Proven," Climate Central, January 3, 2013, http://www.climatecentral.org/news/global-warming-el-nino-link-stronger-but-still-not-proven-15427; Jeff Tollefson, "Frequency of Extreme El Niños to Double as Globe Warms," Nature, January 19, 2014, http://www.nature.com/news/frequency-of-extreme-el-ni%C3%B10s-to-double-as-globe-warms-1.14546, doi:10.1038/nature.2014.14546.

[25]　Brian Kahn, "Climate Change Could Double Likelihood of Super El Niños," Climate Central, January 19, 2014.

[26]　Wenju Cai, Simon Borlace, Matthieu Lengaigne et al., "Increasing Frequency of Extreme El Niño Events Due to Greenhouse Warming," Nature Climate Change, January 19, 2014, http://www.nature.com/nclimate/journal/v4/n2/full/nclimate2100.html.

[27]　"Global Warming–El Niño Link Stronger but Still Not Proven," Climate Central, January 3, 2013.

[28]　Hunter Cutting, "El Niño + Climate Change = Godzilla?" Huffington Post, November 17, 2015, http://www.huffingtonpost.com/hunter-cutting/el-nino-climate-change-go_b_8578956.html.

[29]　Rong-Gong Lin II, "Latest Forecast Suggests 'Godzilla El Niño' May Be Coming to California," Los Angeles Times, August 13, 2015.

[30]　Eric Leister, "South America Summer Forecast: El Niño to Bring Flooding Rain to Argentina, Uruguay, and Southeast Brazil," Accuweather, October 31, 2015.

[31]　Tim Rogers, "Will Climate Change Hasten Central American Migration to US?"

Fusion, August 14, 2014, http://fusion.net/story/6288/will-climate-change-hasten-central-american-migration-to-us/.

[32] Ibid.

[33] Daniel Rivero, "UN Summit to Address a New Category of Refugees: People Fleeing the Effects of Climate Change," Fusion, December 11, 2014, http://fusion.net/story/33163/un-summit-to-address-a-new-category-of-refugees-people-fleeing-the-effects-of-climate-change/.

[34] Étienne Piguet and Antoine Pécoud, "Migration and Climate Change: An Overview," *Refugee Survey Quarterly* 30, no. 3 (2011): 8.

[35] "Hunger without Borders: The Hidden Links between Food Insecurity, Violence, and Migration in the Northern Triangle of Central America," United Nations World Food Programme and the International Organization for Migration, 2016, http://reliefweb.int/sites/reliefweb.int/files/resources/wfp277544.pdf.

[36] "New Study Highlights Food Insecurity as Driver of Migration in Central America," World Food Programme, September 17, 2015, https://www.wfp.org/news/news-release/new-study-highlights-food-insecurity-driver-migration-central-america.

[37] "Hunger without Borders," 9.

[38] "Climate Change and Food Security: A Framework Document," Food and Agriculture Organization of the United Nations Rome, 2008; Gerald C. Nelson, Mark W. Rosegrant, Amanda Palazzo et al., "Food Security, Farming, and Climate Change to 2050; Scenarios, Results, Policy Options," International Food Policy Research Institute, 2010.

[39] Gustavo Palencia, "Drought Leaves up to 2.81 Million Hungry in Central America: U.N.," Reuters, September 4, 2014.

[40] Cynthia Flores Mora, "Record Drought in Central America: Four Countries, 40 Days without Rain, Two Million Facing Hunger," World Bank, September 10, 2014.

[41] "How Will Climate Change Affect What We Eat?" Oxfam America, March 24, 2014.

[42] Andrew Freedman, "Zeroing In on IPCC's Sea Level Rise & Warming 'Hiatus,'" Climate Central, September 27, 2013, http://www.climatecentral.org/news/zeroing-in-on-ipccs-sea-level-rise-warming-hiatus-16532.

[43] "Quantification and Magnitude of Losses and Damages Resulting from the Impacts of Climate Change: Modelling the Transformational Impacts and Costs of Sea Level Rise in the Caribbean," United Nations Development Programme (UNDP), 2010, http://ckan.c-read.net:8000/dataset/quantification-and-magnitude-of-losses-and-damages-resulting-from-the-impacts-of-climate-changef0bb9.

[44] Ibid.

[45] "Warning for Caribbean Countries as Sea Level Continues to Rise," *Jamaica Observer*, July 14, 2014.

[46] "Quantification and Magnitude of Losses."

[47] "Puerto Rico Expands Water Rationing Measures amid Drought," Associated Press, June 25, 2015, https://www.yahoo.com/news/puerto-rico-expands-water-rationing-measures-amid-drought-171018832.html?ref=gs.

[48] Danica Coto, "Caribbean Braces for Worsening Drought as Dry Season Approaches," Associated Press, September 22, 2015, https://www.yahoo.com/news/caribbean-braces-worsening-drought-dry-season-nears-190402750.html?ref=gs.

[49] "Puerto Rico Expands Water Rationing."

[50] Tim Padgett, "Danny and the Drought: How El Niño Left the Caribbean Parched," WLRN, August 25, 2015, http://wlrn.org/post/danny-and-drought-how-el-nio-left-caribbean-parched.

[51] Grant Ferguson and Tom Gleeson, "Vulnerability of Coastal Aquifers to Groundwater Use and Climate Change," *Nature Climate Change*, February 19, 2012; "The Regional Impacts of Climate Change."

[52] ECLAC, "International Migration and Development in the Americas," Symposium on International Migration in the Americas, United Nations Economic Commission for Latin America and the Caribbean (ECLAC), San Jose, Costa Rica, 2001.

[53] "Hurricane Mitch, Facts & Summary," History.com, http://www.history.com/topics/hurricane-mitch.

[54] M. Glantz and D. Jamieson (2000). "Societal Response to Hurricane Mitch and the Intraversus Intergenerational Equity Issues: Whose Norms Should Apply?" *Risk Analysis* 20, no. 6 (2000): 869–82, http://environment.as.nyu.edu/docs/IO/1192/societalresponses.pdf; R. McLeman and L. Hunter, "Migration in the Context of Vulnerability and Adaptation to Climate Change: Insights from Analogues," *Wiley Interdisciplinary Reviews: Climate Change* 1, no. 3 (2011): 450–61 https://www.ncbi.nlm.nih.gov/pmc/articles/PMC3183747/; "Turn Down the Heat: Confronting the New Climate Normal," World Bank, 2014, http://documents.worldbank.org/curated/en/317301468242098870/pdf/927040v20WP0000u110Report000English.pdf.

[55] "Climate Migration in Latin America: A Future 'Flood of Refugees' to the North?" Council on Hemispheric Affairs, February 22, 2010.

[56] Ker Than, "Warmer Seas Creating Stronger Hurricanes, Study Confirms," Live Science, March 16, 2006, http://www.livescience.com/642-warmer-seas-creating-stronger-hurricanes-study-confirms.html.

[57] "Urbanization in Latin America," Atlantic Council, February 5, 2014, http://www.atlanticcouncil.org/publications/articles/urbanization-in-latin-america.

[58] "Urbanization in Latin America and the Caribbean: Trends and Challenges," US-AID, April 13, 2010.

[59] "Urbanization in Latin America," Atlantic Council.

[60] L. J. Mata and C. Nobre, "Impacts, Vulnerability, and Adaptation to Climate Change in Latin America," background paper, UNFCCC, Lima (2006), https://unfccc.int/files/adaptation/adverse_effects_and_response_measures_art_48/application/pdf/200609_background_latin_american_wkshp.pdf.

[61] A. De Garin and R. Bejaran, R., "Mortality Rate and Relative Strain Index in Buenos Aires City," *International Journal of Biometeorology* 48 (2003): 31–36.

[62] "Urbanization in Latin America," Atlantic Council.

[63] J. J. Bogardi, "Impact of Gradual Environmental Change on Migration: A Global Perspective," Expert Seminar: Migration and Environment, International Organization for Migration, 2008.

[64] S.A.F. Barbieri, E. Domingues, B. L. Queiroz et al., "Climate Change and Population Migration in Brazil's Northeast: Scenarios for 2025–2050." *Population and Environment* 31, no. 5 (2010): 344–70.

[65] Paulo A. Paranagua, "Latin America Struggles to Cope with Record Urban Growth," *Guardian*, September 11, 2012, https://www.theguardian.com/world/2012/sep/11/latin-america-urbanisation-city-growth.

[66] Elizabeth Warn and Susan B. Adamo, "The Impact of Climate Change: Migration and Cities in South America," *World Meteorological Organization Bulletin* 63, no. 2 (2014), http://public.wmo.int/en/resources/bulletin/impact-of-climate-change-migration-and-cities-south-america.

[67] Claire Rigby, "São Paulo—Anatomy of a Failing Megacity: Residents Struggle as Water Taps Run Dry," *Guardian*, February 25, 2015, https://www.theguardian.com/cities/2015/feb/25/sao-paulo-brazil-failing-megacity-water-crisis-rationing.

[68] Lourdes Garcia-Navarro, "Sao Paulo's Drought Pits Water Prospectors against Wildcatters," NPR, *Morning Edition*, March 10, 2015, http://www.npr.org/2015/03/10/392014833/sao-paulo-s-drought-pits-legitimate-prospectors-against-wildcatters.

[69] Catherine Olson, "São Paulo Residents Demand Their City Take a New Attitude about Water," Public Radio International, *The World*, March 13, 2015, http://www.pri.org/stories/2015–03–13/s-o-paulo-residents-demand-their-city-take-new-attitude-about-water.

[70] Lourdes Garcia-Navarro, "São Paulo's Drought".

[71] "Military Could Step in Over Brazil Drought Chaos," teleSUR, May 6, 2015, http://www.telesurtv.net/english/news/Military-Could-Step-in-Over-Brazil-Drought-Chaos-20150506–0040.html.

[72] "Military Could Step In."

[73] Rigby, "São Paulo."

[74] Jonathan Watts, "Amazon Rainforest Losing Ability to Regulate Climate, Scientist Warns," *Guardian*, October 31, 2014.

[75] Ibid.

[76] Sandra Postel, "Lessons from São Paulo's Water Shortage," *National Geographic*, March 13, 2015, http://voices.nationalgeographic.com/2015/03/13/lessons-from-sao-paulos-water-shortage/.

[77] "Bolivia Flooding Displaces Thousands in Pando Province," BBC News, February 25, 2015, http://www.bbc.com/news/world-latin-america-31620668.

[78] Richard Davids, "Thousands Displaced by Floods in Northern Bolivia," Floodlist, February 26, 2015, http://floodlist.com/america/thousands-displaced-by-floods-in-northern-bolivia.

[79] Sabine Dolan, "Bolivia's Worst Floods in Decades Displace Families and Disrupt Children's Lives," UNICEF, March 12, 2007, http://www.unicef.org/emergencies/bolivia_39044.html.

[80] Sam Jones, "Bolivia after the Floods: 'The Climate Is Changing; We Are Living That Change,' " *Guardian*, December 8, 2014, https://www.theguardian.com/global-development/2014/dec/08/bolivia-floods-climate-change-indigenous-people; Eduardo Garcia, "Bolivia Blames Rich World Pollution for Floods," Reuters, March 2, 2007, http://www.reuters.com/article/dcbrights-bolivia-floods-dc-idUSN0245951820070304.

[81] Sasha Chavkin, "Cash for ftunder: Bolivia Demands 'Climate Reparations,' " *Mother Jones*, November–December 2009, http://www.motherjones.com/environment/2009/11/bolivia-paying-rain.

[82] Jan Rocha, "Drought Takes Hold as Amazon's 'Flying Rivers' Dry Up," Climate Central, September 28, 2014.

[83] "Tree-Cutting Impairs Amazon's Rain-Giving 'Sky Rivers': Study," Associated Press, December 4, 2014, http://www.nbcnews.com/science/environment/tree-cutting-impairs-amazons-rain-giving-sky-rivers-study-n261686.

[84]　Watts, "Amazon Rainforest Losing Ability."

[85]　Ibid.

[86]　Richard Schiffman, "Brazil's Deforestation Rates Are on the Rise Again," *News week*, March 22, 2015, http://www.newsweek.com/2015/04/03/brazils-deforestation-rates-are-rise-again-315648.html.

[87]　Ibid.

[88]　Roheeni Saxena, "Climate Change Will Make the Amazon Rainforest Less Rainy," Ars Technica, June 10, 2015, http://arstechnica.com/science/2015/06/climate-change-will-make-the-amazon-rainforest-less-rainy/.

[89]　Becky Oskin, "Global Warming Forecast for Amazon Rain Forest: Dry and Dying," Live Science, October 21, 2013, http://www.livescience.com/40573-amazon-rainforest-drying-out.html.

[90]　David Adam, "Amazon Could Shrink By 85% Due to Climate Change, Scientists Say," *Guardian*, March 11, 2009, https://www.theguardian.com/environment/2009/mar/11/amazon-global-warming-trees.

[91]　Met Office, "Understanding Climate Change Impacts on the Amazon Rainforest," January 2013, http://www.metoffice.gov.uk/research/news/amazon-dieback.

[92]　Jonathan Watts, "Amazon Deforestation Report Is Major Setback for Brazil ahead of Climate Talks," *Guardian*, November 27, 2015, https://www.theguardian.com/world/2015/nov/27/amazon-deforestation-report-brazil-paris-climate-talks.

[93]　Chelsea Harvey, "Climate Change Could Triple Amazon Drought, Study Finds," *Washington Post*, October 12, 2015, https://www.washingtonpost.com/news/energy-environment/wp/2015/10/12/climate-change-could-triple-amazon-drought-study-finds/.

[94]　R.J.W. Brienen, O. L. Phillips, T. R. Feldpausch et al., "Long-Term Decline of the Amazon Carbon Sink," *Nature* 519, 344–48, March 19, 2015.

第六章

非洲：战火摧残之地的环境冲突

> 我不能相信，发达国家的人们在了解了这些问题之后，会支持向银行家伸出援手而反对向贫困国家和地区提供救济；我不能相信，他们会允许这样的不公平发生。如果对于这一切的不公平他们没有表现出愤怒，那么只可能是他们没有准确地了解。
>
> ——埃塞俄比亚前总理梅莱斯·泽纳维（Meles Zenawi）

对于难民们来说，非洲并不陌生。它是世界上最大的难民营集中地之一，其中几个难民营容纳了数以万计的难民。在非洲大陆上，冲突频发，贫穷、流离失所随处可见。与此同时，这里也是一片气候变化与难民交织在一起的土地。但是移民与气候变化之间的关联很少得到关注。逃离暴力和战争的人们很容易成为难民，因为洪水破坏远离家园的数百万人该怎么算呢？那些因为干旱和饥荒导致暴乱，从而出现的难民算什么来源呢？气候变化和逃离暴力的非洲难民之间的关联并不明显，但是却非常重要。在未来的几十年里，伴随着全球变暖，难民的数量会增加，所以对于难民的影响因素和目前能够选择的解决办法都是值得我们进行研究的。[1]

根据联合国环境规划署"气候变化的影响"项目的结果显示，"没有任何一个大陆像非洲一样受到如此巨大的气候变化影响"。[2]2008年的一项研究认为，全球的变暖"自然系统"出现的可见变化超过26个，大多数在非洲都存在。[3]政府间气候变化专门委员会预计，2020年非洲0.75亿~2.5

亿人会面临水源紧缺，到 2050 年 3.5 亿 ~ 6 亿人会成为易受冲击的人口。[4]
圣母大学全球适应指数将对气候变化最脆弱的及最不能适应气候变化影响的国家进行了排名，几乎整座非洲大陆的国家适应指数评分都在 50 分以下（分数范围是 0 ~ 100 分）。[5]

　　非洲经济大部分依赖于农业，因此，降水决定绝大部分人口的生计，包括那些不直接在农业领域工作的人。因为会受到气候变化的极大影响，粮食安全虽然现在还不是但可能成为非洲大陆面临的最大威胁。一项由世界银行发起、波茨坦大学研究人员进行的调查发现，如果在未来的几十年里，世界气温较工业化前的水平上升 1.5 ~ 2.0℃，撒哈拉以南的非洲地区的农民会失去 40% ~ 80% 赖以种植主要作物的耕地。[6]

　　如果政府没有行动，农业上没有创新，大量的农田流失几乎是板上钉钉的。世界银行提供的数据表明，由于化石燃料燃烧，世界气温已经比工业化前的水平上升了 1.5℃。[7]将全球变暖保持在高于工业化前水平的 2℃ 以内是非常重要的，许多科学团体和政府官员也是这个态度。但是这需要采取快速行动来切断对化石燃料的依赖。世界银行根据数以百计的科学报告推测，如果我们不采取任何行动应对全球变暖，气温会上升 4℃ 甚至更多。[8]这对非洲意味着什么？对人类生活意味着什么？谁将不得不背井离乡，而他们又将何去何从？这些问题的答案非常复杂而且相互关联。

　　逐步恶化的非洲气候成为地区冲突的威胁因素，将会出现因为气候变化逃亡的移民。不同地区气候变化带来的影响各不相同，但在非洲这片广袤的大陆上，这种影响比其他地方更能让人实实在在感受到。非洲西北部的荒漠化非常严重，与此同时，海平面上升和海岸线退化影响到了大陆边境的多个地区，而森林砍伐和土地质量的下降也是许多地区的问题。[9]粮食安全和疟疾传播也是值得担忧的。如果不采取任何措施缓和全球变暖，所有地方的平均气温将会继续显著攀升。[10]

　　根据联合国政府间气候变化专门委员会的数据，0.75 亿 ~ 2.5 亿人口预计将在 2020 年面对因气候变化引起的水源紧张。专家小组在最近的评估中指出：“适于农耕的区域，生长季节的时长会缩短，产量潜力会减少，干旱和半干旱地区附近尤其如此。”[11]

不论出现干旱还是爆发风暴，气温升高最终会引发各地极端天气，造成压力。接下来，本章会介绍这些压力是如何出现并引发冲突和难民的，但首先最重要的是要看一下非洲的难民分布。

非洲的难民数据

全非洲因政治动乱和战争而流离失所的难民已经有 1400 万人，但是专家表示，气候变化会使得非洲的流离失所上升到一个新高度。据估计，在全球范围内，已经有 1000 万人口因为海平面上升、降雨、荒漠化或者其他气候因素而被迫远离家园。

2014 年非洲流离失所的人口创下纪录，大部分难民来自非洲。一份联合国报告显示，2014 年全球有 5950 万人口被迫流离失所，目前是增长最多的一个年份。报告还指出了一个令人心惊的数据：每 122 个人里面就有 1 个是难民、国内流离失所者或寻求庇护的人；如果把难民群体当作一个国家，总人数加起来会是全球人口第二十四大的国家。联合国报道，2014 年撒哈拉以南的非洲地区的难民数量仅"略低于"中东地区。撒哈拉以南的非洲地区有 370 万难民和 1140 万国内流离失所者。仅在 2014 年就有 450 万新增的流离失所者，同比增长了 17%。[12]

许多非洲国家难民主要来自索马里、苏丹、南苏丹和刚果民主共和国（刚果）等。[13] 当然，这些地区的难民多数是由于暴力冲突造成的。联合国报告指出，最近 5 年非洲爆发了 8 次暴力冲突，都在科特迪瓦、刚果、南苏丹和布隆迪。索马里近期没有出现暴动，但是却正在经历干旱和粮食匮乏，同时也是第三大难民来源。

气候变化给农民制造了麻烦，伴随着人口增长，大批移民从农村涌入城市。仅根据人口增长和移民状况，预计到 2030 年至少会有一半的非洲人口在城市生活。[14] 气候变化会给农民的生活带来更大压力，进一步提高城市移民率。[15] 因此，尽管气候变化对移民不会产生直接影响，它在环境和难民问题上的社会影响还是需要考虑到的。

干旱之地

造成非洲难民问题有很多复杂、不可预测的因素。先抛开政治冲突、洪水、暴风不谈，有一个普遍的问题不能忽略，那就是严重而紧急的干旱。它在短时间内是不会结束的，而且毫无疑问，会随着全球变暖加速恶化。

引发干旱有两个重要因素：输入（下雨或是其他类型的降水）和输出（地表的水汽蒸发）。在非洲，地表气温是引发干旱恶化的重要因素。高温会导致水汽从土壤中蒸发，使土地干旱。即使下了雨，土地仍然严重缺水，因为雨水并不能被岩化的土壤所吸收，并且暴雨更容易引发洪水和土地退化。

非洲大陆主要是沙漠，虽然长期以来干旱都是首要问题，但情况会因为气候变化变得更糟。自1970年起，大面积的严重干旱越来越频繁。2007年，1/3的非洲人居住地濒临干旱并且难以抵御干旱的影响（图6.1）。[16]

非洲之角、萨赫勒地区和非洲南部的国家正在承受严重干旱带来的冲击。非洲之角的一些问题直接同气候变化相关。

乌干达总统办公室的首席人力资源官贝农先生表示他的国家"正面临着前所未有的干旱。干旱导致了部分地区发生饥荒……这些天非常热。近几年伴随着越来越多不可预测的天气，气温越来越高"。[17]

世界上最干旱的区域之一萨赫勒每年的降水会持续增加，至少短期内是如此。较暖的气温下热带降雨带迟早会移动到萨赫勒以北，使得总降雨量更大。[18]同时，随着气候变化，水汽蒸发率会上升，而这引发的将不仅是降水增加。[19]

参与研究该现象的一位科学家表示，不论降水如何变化，更温暖的气温会"引发更高的干旱风险。某种程度上这在非洲大陆上是真实存在的……举个例子，如果降雨更多但蒸发更快，对作物并没有好处"。[20]干旱已经在非洲肆虐了数十年，干旱所造成的破坏也比比皆是。2011年非洲之角的干旱残害了数十万生命——死亡人数估计达到了26万人。[21]干旱与饥荒之间的关联，解释了干旱与被迫移民的联系。降水不足的季节会引发作物减产和粮食急剧短缺，人们没有其他选择，只得离开。

科学表明，即便降水增长，萨赫勒及其周边的作物仍然会遭殃。降水量

图 6.1 非洲之角

的增长时常带来恶劣天气事件。强降水能够引发洪水，这会给生态群落带来危险，事实上也更进一步地破坏了有价值的表层土壤。这两种极端天气相辅相成，使得干旱加剧恶化，到2050年数十万非洲人口的生活会因此而改变。[22]

　　2000 — 2010 年，萨赫勒的人口数量上升了 30%，然而粮食供给却几乎保持不变。[23] 那期间，干旱迫使相当一部分人口背井离乡，但是对于必须搬离的人口数量预测非常不准确，而且实际情况应该是被低估了。国内流离失所监测中心（Internal Displacement Monitoring Centre，IDMC）预计撒哈拉以南的非洲 2013 年有 1250 万人会因为自然灾害而流离失所。然而，这个数字并没有包括因为干旱或者其他全球变暖影响而引发的迁移。[24] IDMC 的自然灾害监测包括地震、火山喷发、泥石流、飓风及其他风暴天气、洪水、雪崩、林火、寒流和热浪。非洲大量的国内流离失所是由于天气和气候相关事件引发的，具体数字并不确切。我们所知道的是，严重的干旱是持续性问题，会随着全球变暖日益加剧。问题的关键并不是这样的长期干旱是否会发生，而是应当如何应对这一问题。

沙漠的扩张驱使人类去往新的土地

干旱和洪水的双重作用使得土地在经历沙漠化之后变得不宜居住。在撒哈拉沙漠和卡拉哈里沙漠之间，接近非洲大陆一半面积的土地已经被"定义为极端沙漠"，[25] 由于气候变化，沙漠周围的许多地区正在退化成为没有价值、不宜居住的土地。

非洲广袤沙漠周围及其他地区的半干旱土地存在危险。沙漠化部分是因为土地使用管理低效及农业活动面积过大，而降水少的恶劣气候加速了沙漠化进程。尤其农民在干旱风险高的土地上种植作物后，土壤会退化到临界状态，以后无法自行恢复。非洲近一半的非沙漠土地难以抵御这种几乎不可逆的过程。[26]

萨赫勒和撒哈拉地区有共同的边界地带，所以面临着特殊的土地退化和沙漠化的危险。树木对于土壤肥力和保水性至关重要，可以阻挡沙漠化，2011 年的一项研究发现，遍布这一地区的树木正在因为温度持续增高和降水减少而以一个危险的速率在快速减少。研究发现，一些重要地点平均气温上升近 1℃，降水会减少 48%。[27]

近年来，萨赫勒的降水确实有所增加，这是全球变暖的一个短暂而有趣的影响。夏季，赤道雨带正常向北移动，带来萨赫勒地区一年一度的降水。随着气温升高，雨带加速并向更北部地区移动。但是，大概率上看并不能减缓该地区严重干旱（图6.2）。雷丁大学英国国家大气科学中心的气候研究负责人罗文·萨顿（Rowan Sutton）教授认为，"不论降水如何变化，上升的气温会带来更高的干旱风险"。更高的气温会导致更高的蒸发率，所以萨顿说"如果降雨更多但蒸发得很快，对作物并没有好处"。[28] 更有可能会引发更多的洪水，更不利于土地的生命力。经年的干旱和偶发的洪水，共同引发了该区域土地全面的退化。

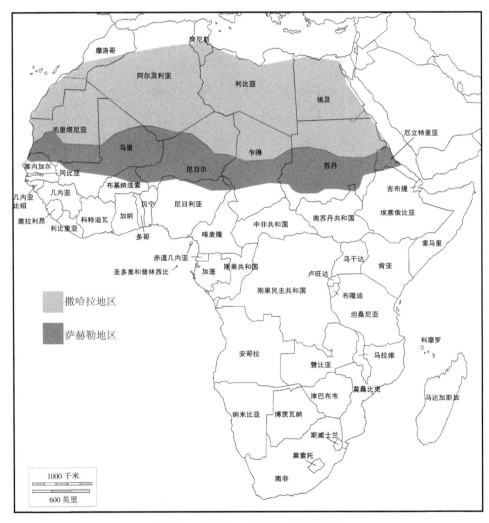

图6.2　非洲的萨赫勒和撒哈拉地区

尽管出现了暂时的减缓（某些人错误解释为全球变暖的非洲"绿化"），但据联合国预计，2014 年萨赫勒地区 2000 万人将面临饥饿的威胁，2013 年的 1100 万人有跨越式增长。[29] 2012 年，有 100 万儿童面临饥饿威胁。据汤森路透基金会的艾玛·巴塔（Emma Batha）报道，萨赫勒地区的少数国家——布基纳法索、尼日尔、乍得和马里——"近一半的儿童患有慢性营养不良"。与此同时，营养不良率持续"超越了警戒数值 15%"。[30] 从长远看，该地区难以抵御沙漠化，干旱引发的灾难性粮食危机带来了持续性后果，其中最核心的也是美国新闻最常报道的，就是暴力冲突。

干旱、粮食安全和冲突

现在是时候探讨一下气候变化和暴力冲突之间的联系了，在非洲这是迫使移民的重大因素。非洲一些国家的营养不良问题极其严重，干旱扮演了非常重要的角色，因为大部分的非洲农业活动和食物供给都对降水量非常敏感。整体上，"95% 的农业依赖于降水带来的雨水"。[31] 极端、长时间的干旱引发了 2010 — 2012 年非洲之角的饥荒，造成 26 万人死亡。2014 年索马里的饥荒威胁到了国家恢复和平的努力，引起了关注。[32]

非洲任何农业生产的减少都会动摇全球的粮食体系。同时，非洲对于全球粮食体系中的变化和不安全性也非常敏感，因为许多非洲国家都依赖于欧洲和亚洲的粮食进口。极端天气，如索马里的洪水，会影响整个食物链的供应，破坏粮食供给。极端天气已经成为威胁基本作物产量及造成随后价格波动的主要原因。

气候变化对于粮食供给的影响会更糟糕。一个英美联合的特别工作小组预计，气候变化将引发重大的粮食供给短缺。因为气候变化带来的极端天气，英美极端天气和全球粮食恢复特别工作组表示，在未来的几十年内，极有可能出现百年不遇的对粮食产量的冲击。报告同时强调了撒哈拉以南的非洲是造成这个结果的部分因素，因为该地区的多个国家高度依赖粮食进口。[33] 例如，50% 的埃及粮食消耗来自进口。[34] 北非国家也非常依赖其他国家的进口——超过半数的粮食消耗来源于进口。[35] 当极端天气损害中国或者俄罗斯的粮食供给时，非洲国家的粮食价格会因此急剧上涨，最终引发冲突。

沙漠化影响了埃塞俄比亚数十年，国内的干旱和粮食短缺都会直接引起突发的暴力冲突。20 世纪 70 — 80 年代，一场饥荒危害了上万名埃塞俄比亚人，并导致数百万人处于饥饿边缘。饥荒使得埃塞俄比亚的最后一位皇帝海尔·塞拉西（Haile Selassie）最终下台。

埃塞俄比亚的饥荒凝聚了当时"广受尊崇的"皇帝塞拉西的反对势力。反对派士兵用了一部名为《未知饥荒》的电影，专门揭露埃塞俄比亚毁灭性饥荒和大规模饥饿的程度。反对派在电影中插入了塞拉西"在他的皇宫主持婚礼盛宴"的画面，用来对比饥荒。电影原创作人乔哈森·丁布尔比（Johanthan Dimbleby）表示，"叛军逮捕皇帝后，在影片中插入了皇帝的画面，并将编辑版影片在全埃塞俄比亚的大规模集会中循环播放，安抚大众，表明新政体是正义的一方"。丁布尔比补充道："上万名青年人，因为饥荒的电视画面和革命的煽动性言论而热血沸腾，毫不犹豫地签署了门格斯图（海尔·马里亚姆）的条款，成了种族灭绝的步兵。"更替后的政府是专政政权，制造了"红色恐怖"，夺去了至少数十万人的性命，迫使当地居民大规模出国避难。[36]

近些年来，许多埃塞俄比亚人移民去了华盛顿州的西雅图。据非洲之角服务机构（Horn of Africa Services）数据显示，西雅图 3.9 万左右的东非人口包含了东非多国的移民，但来自埃塞俄比亚最多。[37]

阿拉伯之春展现了这个过程是如何发展到最坏地步的人们再一次轻而易举地将气候变化和因政治动乱引发的难民流亡联系了起来。这种观点始于俄罗斯。2010 年俄罗斯经历了一个世纪以来最严重的干旱，紧接着是灾难性的林火。这次的干旱使俄罗斯 1/5 的麦类作物受灾，[38] 然后引发的零星林火穿越了全国，甚至波及了农田。两起灾难导致俄罗斯 1/3 的可耕地仅在一个夏天就被付之一炬。[39]

据此，俄罗斯下达了粮食出口禁令。与此同时，世界最大的小麦生产国——中国正在经历一场已经历时 200 年的干旱。科学家也将此次旱灾的原因归结为气候变化，旱灾引发了全球小麦供应的下降。[40] 全球范围内，尤其是在北非和中东，粮食价格急剧攀升。埃及人 1/3 的卡路里摄取主要依靠谷物，非常容易受到俄罗斯粮食出口禁令和中国小麦减产的影响。

一些粮食安全专家将北非的高粮价和阿拉伯之春这场动乱的驱动因素联系起来。由食物、政治动乱和贫穷引发的暴动扩大，引发了大规模抗议。美国贝鲁特大学的农学教授拉米·祖拉耶克（Rami Zurayk）表示，"我认为粮食价格鼓动了人民"。他补充道，"始于农村地区的"突尼斯起义里，有一个年轻人在抗议中自焚，人们普遍认为这次的自焚事件进一步推进了阿拉伯之春。[41]

国家战略研究所的莎拉·约翰斯通（Sarah Johnstone）和杰夫瑞·马佐（Jeffrey Mazo）总结道："不管怎样，阿拉伯之春都是会来的，但是它所在的时代背景也很重要。全球变暖或许不会引发阿拉伯之春，但是会让它提早到来。"[42]

虽然阿拉伯之春很特殊，但是起到催化作用的粮食危机并不是一次性发生的事件。仅在两年之后的 2012 年，俄罗斯又遭遇了一次严重干旱。[43] 在这次干旱和美国的多起干旱之后，全球粮食价格单月上涨了 10%。6—7 月，玉米和小麦的价格分别上涨了 25%。粮食价格上涨对进口不同作物的国家影响有所不同。在萨赫勒和东非地区，高粱价格上涨了 220%，撒哈拉以南的地区玉米价格上涨了 113%。[44]

总体上来说，越是低收入的国家，对于全球粮食价格越敏感，越容易出现市民暴动。一份来自阿德莱德大学研究人员的报告认为，在低收入国家，粮食价格上涨"会引发民主机构的严重堕落及反政府游行、暴乱和市民冲突的发生率上涨"。粮食价格在国际市场中波动，并根据发达国家的需求变化。[45] 有些国家会比其他国家更脆弱一些。与此同时，到 2050 年全球人口预计会从 70 亿人上涨到 90 亿人，粮食需求会同时上涨 60%，进一步对全球粮食供给施加了压力。[46]

即使是对那些不依赖于外部资源、粮食自给的地区，气候变化依然会影响到它们的粮食供给。据国际难民组织研究，萨赫勒部分地区就是这样。[47] 在许多脆弱的非洲国家和社区中，粮食价格波动会产生严重后果，动摇社会基础。气候变化、粮食危机、动乱和难民之间的联系是间接的。随着人口增长，气候变化的影响日益恶劣，这些关联作为整体格局的重要组成部分，更加值得思考。在未来的几十年到几百年间，解决粮食安全问题是帮助非洲应对气候变化影响策略的核心。[48]

政府机构将气候变化作为冲突的来源

美国国防部（DOD）认为，气候变化是"威胁乘数"，因为它会引发资源紧缺。2014 年国防部的 4 年防务评估特别指出，气候变化会"影响到资源竞争，对全球的经济体、社会和政府机构造成额外的负担"。这些反过来"会加剧外部压力，如贫穷、环境退化、政治不稳定和社会不安，触发恐怖主义活动和其他形式的暴力"。[49]另外，美国国防部长查克·黑格尔（Chuck Hagel）表示，气候变化"有可能进一步影响我们现在面临的挑战——从传染病到武装冲突，同时未来还会产生新的冲突"。[50]

资源匮乏是农村地区冲突的核心。农民、社区彼此之间因为土地和水资源相互争夺数十年，这在非洲之角尤其突出。关于这一现象，联合国儿童基金会（United Nations Children's Emergency Fund，UNICEF）顾问梅登·米科宁（Meedan Mekonnen）曾经写道：

"考虑到可用的水资源少，作物产量低，当干旱出现时干旱地区对于有限自然资源的争夺加剧，干旱就和冲突产生了联系。在干旱期间，因为被迫去抢夺同样稀缺的资源，牧民的迁移有所增加，这就引发了社区之间的冲突。尽管大多数冲突都是可控的，非洲之角牧民社区之间的资源争夺却由来已久，由于干旱，冲突也愈演愈烈。人们受到干旱影响经常迁移，对资源造成了更大的压力，结果使冲突扩展到其他区域。最近在非洲之角的部分地区，农民和牧民之间经常发生冲突。"[51]

2014 年刊发在《环境研究快报》（*Environmental Research Letters*）的研究发现，粮食供给并没有随着人口的增长而增加。同时，气候变化引发的高温降低了作物的产量，也就是说，在萨赫勒地区的很多地区正面临着饥荒带来的更大威胁。[52]这项研究的第一作者哈基姆·阿布迪（Hakim Abdi）将其与苏丹的紧张局势联系起来，他在《卫报》的采访中说道："达尔富尔地区农民和游牧牧民之间关系越来越紧张……这一紧张局势部分是源自资源缺乏。"[53]其他问题也一如既往地起了作用。《卫报》的文章提到，除了达尔富尔地区的暴力问题外，"萨赫勒地区面临着利比亚、乍得和尼日尔部分地区伊斯兰教主义的暴乱，以及马里图阿雷格族种族分裂主义的暴动"。[54]

饥荒也加剧了现存的紧张局势。2014年，发生在萨赫勒地区的一次饥饿危机对应急资金的需求达到1亿美元之多。粮食短缺的一部分原因是雨水短缺，另一部分原因是难民涌入。尼日利亚博科圣地的暴乱造成5万多难民流入尼日尔，而那里也面临干旱和饥荒。马里的冲突促使3.5万难民进入布基纳法索。据联合国统计，"低降雨量使得尼日利亚、多哥、贝宁、布基纳法索和尼日尔的粮食安全形势越发恶化，而干旱使塞内加尔和乍得的农民无法种植作物"。为了打破该地区粮食短缺的恶性循环，联合国设立了一个20亿美元、3年期的项目。[55]

当难民被迫进入农业生产条件差或者难以抵御气候变化的地区，粮食短缺和恶性循环就会加剧。资源匮乏会引发冲突，难民问题日益严重，所以难民会非常容易受到全球变暖的影响，面临进一步恶化的干旱和饥荒。

海岸洪水、热带风暴和海平面上升

当干旱破坏了非洲的一个地区，降雨和海平面的上升就会在另一个地区肆虐。或许我们并不能确定气候变化与暴力冲突引发的难民之间的联系，但是有些事情是可以量化的，如因海平面上升而被迫离开的人数。从19世纪后期，海平面上升了大约8英寸。但科学家预计，在未来几十年至几百年里，它的上升速度会更快。到2100年，海平面可以上升到6英尺。[56]

据英国皇家学会估计，"因为海平面上升，全球多达1.87亿目前生活在沿海地区的人将会流离失所，非洲和亚洲的部分地区是最脆弱的，而非洲的沿海地区很可能会出现废弃区域，原因很简单，这些区域没有像其他国家

一样的资源去建设必要屏障和提高适应能力"。而在美国，作为总投入 195
亿美元的气候恢复计划的一部分，纽约市已经计划建立这样的屏障。[57] 虽
然像莫桑比克和埃及这样的国家尤其容易受到海平面上升的影响，但是它们
并没有数十亿美元可以用来保护自己。

除了海平面上升，非洲的几个国家也将面临加剧的季风季节引发的严重
洪水。坦桑尼亚、尼日利亚、尼日尔和乍得都"因为非洲异常活跃的季风季节，
经历过严重的洪水"。[58] 例如，内部流离失所监测中心将 2010 — 2014 年因
为冲突和自然灾害而流离失所的人口数据进行了汇编。数据显示，2014 年
8 月的雨季，洪水在 1 个月内使 15.9 万名苏丹人流离失所。[59]

遗憾的是，许多难民营本身也难以抵御这些冲击，意味着一些难民将被
迫再次搬迁。索马里就是这种情况，难民营被山洪摧毁，[60] 难民不得不逃
离难民营。那么他们将去往哪里呢？

索马里和苏丹：气候难民危机的受害者？

索马里是干旱、洪水和难民问题交汇在一起的典型。为躲避因为干旱引
发的饥荒和暴力，这个国家已经有数千名难民逃往肯尼亚。索马里每年都会
遭受洪水侵袭。因为气候变化，极端降水天气增多，使洪水更加严重。当地
人已然在经受洪水带来的考验与磨难，这样的情况短期内并不会结束。2015
年春天，不到两个月的时间，1.6 万名索马里人因为洪水而背井离乡。[61] 洪
水还破坏了 6800 英亩农田，影响了 1.4 万名索马里工人的工作。[62]

据联合国发展计划署（United Nations Development Programme，UNDP）
统计，70% 的索马里人依赖于对气候敏感的农业和畜牧业。计划署警示，
索马里的气候和天气情况近几年不断变化，包括"季节降水和全年降水水平
上升、海面气温上升、海平面上升及依赖于脆弱或者过度开发的生态系统和
自然资源的物种减少。"[63]

大部分索马里人已经流离失所，临时的房屋和难民营的增加并不意味着
他们就安全了。相较于永久住所，洪水对流离失所的人伤害更大，毕竟许多

临时房屋都是用"树杈和树枝、纸板箱子和塑料布"搭的。洪水席卷仅有的资源后，索马里的居民几乎更不可能回到以往的生活了。[64]

在试图建立他们抵御干旱的能力的同时，索马里人每年都要对抗频发的洪水。这两个因素的结合，解释了为什么索马里的粮食安全局势如此迫切。4月和5月是索马里的旱季。雨季发生在10月和11月。意外的降雨如果出现在旱季，由于地面干燥，而且像岩石一样坚硬，所以很有可能发生洪水。

气候难民问题在非洲形成了恶性循环：因为已经流离失所，难民更容易受到气候变化的影响。与城市和村庄里的棚屋和建筑物相比，难民的帐篷远不能抵御狂风和洪水。因为国内流离失所者往往生活在不稳定的环境中，尤其还受到气候变化的威胁，难民甚至没有离开自己的国家，就已经面临这些风险。事实上，在2014年1—9月，超过13万名索马里人被迫迁移，但大多数人留在索马里国内，成为国内流离失所者。[65]到2014年年底，有110万索马里人成为国内流离失所者，接近该国人口的1/10。其中，大多数人生活在悲惨的环境中。2014年某一时刻，索马里一个国内流离失所者营地被突如其来的洪水摧毁，一周内就造成3名儿童死亡。[66]

根据内部流离失所者监测中心统计，国内流离失所者长期面临生命、健康、安全和尊严的威胁。监测中心在一份报告中声称："人权滥用的风险显著增长，尤其是对妇女和无监护人的儿童而言。"国内流离失所者也面临性和性别暴力的威胁，许多来自宗派社区的人因为没有宗派保护还面临着严重的种族歧视。他们生活的区域很难接触到干净的水源或者卫生设施，卫生条件艰苦，这样的情况会引发致命疾病的传播。[67]联合国难民事务高级专员办事处的发言人芭宝·俾路支（Babor Baloch）在讲到国内流离失所者时说道："许多人生活在树枝、草和空纸板箱搭成的棚户里，根本没有基本服务设施。"

值得注意的是，通常有多种因素迫使大量人口远离家园。据检测中心的报告，环境灾害和环境胁迫是大量索马里人流离失所的主要因素，但不是唯一原因；在110万流离失所的人中，政治冲突和暴力也可能非常重要。几个非洲国家长期充斥着冲突。例如，在索马里，青年党（Al-Shabaab）控制着索马里南部和中部的大部分地区，索马里政府也发动了军事攻势。由此产生的冲突是社区被摧毁的主要因素。[68]

气候变化可以放大已经存在的冲突，同时它还可以为脆弱、贫困的社区创造先决条件，使得军事力量从中获利。当索马里陷入因干旱而严重的饥荒时，青年党拒绝向其控制地区的人民提供人道主义援助。

索马里政府正在与联合国发展计划署合作，加强最脆弱社区对于气候的恢复能力。希望这能够减少被迫远离家园的人数。索马里在 2014 年 10 月公布了一项关于国内流离失所问题的国家政策草案，以一种非歧视性的方式为国内流离失所者提供了援助和保护。这项计划现在正在审批和执行过程中。[69]然而，监测中心指出，"由于国家能力的薄弱和资源的缺乏，执行这些政策仍然具有特别的挑战性"。[70]

然而，并非所有的难民都留在索马里。据联合国新闻中心报道，2014年 1—9 月，他们"主要受干旱、粮食不安全和贫困的影响"，1.1 万名索马里人逃往也门。2015 年，几十万人逃到了埃塞俄比亚。[71] 在肯尼亚，世界上最大的难民营距离索马里边境只有 55 英里，是许多逃离该国暴力、饥荒和严重干旱的人的家园。这个营地被称为达达阿布，正面临着过度拥挤的状况。

达达阿布位于肯尼亚的东部边缘，刚刚越过与索马里的边境。达达阿布是世界上最大的难民营，这里收容了超过 30 万名索马里人。[72]2011 年前，11.3 万名难民住在达达阿布，2011 年这里的难民人数飞速增长。即使在 2011 年前，无国界医生组织（MSF）也表示这个集中营"人满为患"，并进入了超负荷的状态。MSF 报告说，一旦新难民抵达难民营，他们必须平均等待 12 天才能得到第一份粮食，34 天后才能得到毯子、器具和其他必需品。由于缺乏疫苗，肺结核等致命疾病在这里的儿童中传播。[73]

许多达达阿布的难民是为了逃离气候变化带来的危害才来到这里。根据联合国官员的说法，多达 10% 的达达阿布难民可能是因为干旱而逃离家园，干旱使得他们在农村无法继续生活。《洛杉矶时报》采访了几位居民，包括亚当·阿迪·易卜拉欣（Adam Abdi Ibrahim）。易卜拉欣像许多其他牧民和家庭一样，因干旱而离开，加入了难民大潮中。他说他离开家的原因是活不下去了，4 年的干旱使他的牲口全死了。据估计，全世界环境移民大约有1000 万人。[74]

埃塞俄比亚是许多来自索马里人和南苏丹人的家园。根据联合国难民事务高级专员办事处统计，2014 年埃塞俄比亚成为非洲最大、世界第五大的难民收容国。[75] 因此，埃塞俄比亚的资源非常紧张。大雨使情况变得更糟，雨水淹没了避难所，破坏了厕所，从而引发了严重的健康问题。[76] 在雨季，营地很容易遭受山洪和随后爆发的疟疾袭击。南苏丹几十年来一直面临内战，埃塞俄比亚位于南苏丹东部，因此成为许多南苏丹人的家园。

联合国研究人员称，南苏丹达尔富尔地区的冲突受到气候变化和环境退化的推动。时任联合国秘书长潘基文在《华盛顿邮报》上写道："在各种各样的社会和政治原因中，达尔富尔冲突以一场生态危机的形式开始，最起码部分原因是气候变化。"他解释说，雨停后，暴力"在干旱中爆发了"，"再没有足够的粮食和水，战争爆发。到 2003 年，它已经彻底演变成了今天我们所看见的悲剧了。"[77]

经过 22 年的内战，2005 年 1 月，苏丹政府与苏丹人民解放军签署了一项和平协议。随后，联合国环境规划署发布了一份报告，详细说明了生态危机和气候变化是如何在冲突过程中发挥作用的。该报告显示，对石油和天然气的竞争、部分干旱地区对土地的争夺、荒漠化和土地退化都与该地区的冲突密切相关。[78] 现在，埃塞俄比亚人已经从他们的国家逃到索马里，准备前往也门。BBC 新闻报道了许多难民从非洲前往欧洲避难所的征途：一些人穿过两个海洋；其他人则依靠走私船。[79]

适应气候变化是必要的应对

在全球变暖的背景下，许多人都使用"适应"这个词语，包括建造海堤、寻找清洁水源及改变农业生产方式等。对沿海地区的适应是有可能的，但代价非常昂贵，许多收容难民最多的国家往往也是最贫穷的国家，[80] 非洲尤其如此。事实上，拥有大量人均 GDP 低于 1 美元难民的国家中，10 个有 9 个在非洲，其中就有埃塞俄比亚和南苏丹（图 6.3、图 6.4）。

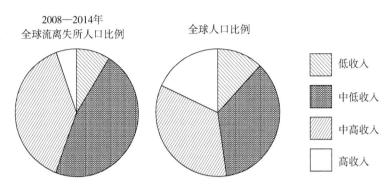

图 6.3　流离失所人数与人均 GDP 比值较高的国家

数据来源：联合国难民署全球趋势：2014 年被迫流离失所情况。

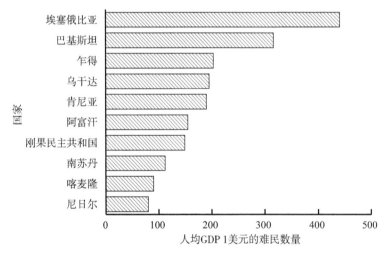

图 6.4　全球按收入水平衡量的流离失所情况：低收入群体流离失所人口比例畸高

数据来源：IDMC 全球 2015 年预估数据。

　　最近，联合国粮农组织呼吁提供 1 亿美元的紧急人道主义援助，以解决上文所述的萨赫勒地区的粮食危机。这是一项为期 3 年、耗资 22 亿美元援助工程的一部分，但这种水平的支出是不可持续的。

　　防治沙漠化的一项行动是重新种植红树林，在洪水高涨时这些地方就会成为沿海湿地。某些灌木和树木可以在被淹没的条件下生存，在海平面上涨时，这样的植被对于防止海平面被侵蚀是有效的。[81] 其他国家和社区正在种植树苗以防止土地退化。《卫报》报道称："该地区的农民已经被迫学习新的技能以应对气候的变化。"[82]

但是《联合国防治荒漠化公约》的负责人、执行秘书吕克·尼亚卡贾（Luc Gnacadja）警告说，他们的努力或许会成功，但前提是人们"走到田间，遏制荒漠化，这需要贯彻执行"。[83] 然而，这些非洲发展中国家执行得并不好，主要原因是土地管理不善。在许多地方，预防可能比恢复更有效。

在尼亚卡贾看来，"在草根层面有很多令人惊讶的成功故事，这些成功故事应该在我们的政策和机构中有所体现，用以对政策和机构进行提高和检验。坦桑尼亚、尼日尔、布基纳法索和马里都提供了一些成功案例。马拉维，一个被认为无法自给自足的国家，开辟出了新的道路。"[84]

事实上，已经有一些小规模的积极行动取得了一定成功。其中之一就是肯尼亚人万加丽·马萨伊（Wangari Maathai）（2004 年诺贝尔和平奖得主）创立的"绿带运动"。她组织了肯尼亚农村地区的妇女，在她们的社区植树造林，恢复生态系统，采用综合地下水和天然水流的方法，帮助保护土壤中的水分，恢复土地质量。这些做法有助于帮助那些在社区中更易受到气候变化影响的妇女在社区中收集水、收获作物。事实上，世界银行估计，多达80%的非洲农业劳动是由女性完成的。[85] 目前，"绿带运动"已经发挥了作用，恢复了一些社区的水和土地质量。

国内和国际的努力结合，加上短期和长期的变化与行动，是克服土地退化和提高适应力所必需的。草根层面的行动虽然鼓舞人心，但并不足够。为了阻止沙漠化，尼亚卡贾呼吁开展草根行动和加强政府土地管理。他提出，"各国政府间的会议不应该同以往一样只谈商业活动，而是要做出不同寻常的商业决定"。[86] 真正需要的是实际行动，需要有实际计划跟进，并确保政府能够贯彻到底。

监测中心在一份报告中关注到了非洲之角因干旱引发的流离失所，也提出了如何增强社区适应力以避免被迫离开家园的建议。报告的作者认为，干旱导致的流离失所主要是基于"社会制度和权力，而非自然的力量"，建议主要采用社会和政治方式解决。在解决方案中，他们提到了耐旱的牲畜群，其中写道："增强抗旱能力的一种方法是将饲养的牲畜从牛转移到更耐旱的动物身上，如骆驼。另一种增强抗旱能力的方法是增加供水点、紧急食品储备和兽医服务。"[87]

所有这些努力都与改善非洲的环境密切相关，以防止未来继续出现难民。难民专员办事处的一份报告包括 4 项预防环境移徙和保护环境移徙者的措施：①在一开始防止环境移徙的出现（要求采取措施降低环境危害对社区的影响，并提升应对灾害的能力）；②将移民管理作为一项适应性措施（如制订"管理定期移民计划"）；③为环境移民创造保护，包括与迁移和地位相关的权利；④适应气候变化本身的影响，在沿海地区，意味着要通过建立屏障以保护社区免受海平面上升的影响。[88]

这些措施值得考虑。气候难民危机将影响到每一个国家和每一个大洲。非洲的危机导致难民涌入欧洲，在中东引发冲突，引起了全球的关注。在某种程度上，答案可以在应对气候的变化中找到。气候变化已经与非洲的大规模移民产生了内在联系，并将继续发挥重要作用。

但是，除非非洲国家立即开始适应气候变化，并且世界各国都伸出援手，否则我们将不得不面对灾难性气候变化带来的后果，会有更多的暴动和难民。气候变化已经引发了大规模动乱，受灾最严重的是穷人。非洲的环境难民将成为未来几十年世界上最大的人道主义挑战之一。

参考资料

Meles Zanawi, "Africa at Risk," *Project Syndicate,* November 6, 2009, https://www.project-syndicate.org/commentary/africa-at-risk.

[1] BBC News, "Horn of Africa Sees 'worst drought in 60 years,'" June 28, 2011, http://www.bbc.com/news/world-africa-13944550.

[2] United Nations Environment Programme, Regional Office Africa, "Climate Change," http://web.unep.org/roa/regional-programmes/climate-change.

[3] C. Rosenzweig, David Karoly, et al., "Attributing Physical and Biological Impacts to Anthropogenic Climate Change," *Nature*, May 15, 2008, http://www.nature.com/nature/journal/v453/n7193/abs/nature06937.html.

[4] M. Boko, I. Niang, A. Nyong, et al., *Climate Change 2007: Impacts, Adaptation, and Vulnerability*, Contribution of Working Group II to the Fourth Assessment Report of the Intergovernmental Panel on Climate Change, M. L. Parry, O. F. Canziani, J. P. Palutikof, P. J. van der Linden, and C. E. Hanson, eds. (Cambridge, UK: Cambridge University Press, 2007), 433–67.

[5] Notre Dame Global Adaptation Index (as of January 11, 2017, data for 2015), http://index.gain.org.

[6] World Bank, "Turn Down the Heat: Why a 4℃ Warmer World Must Be Avoid-ed," November 1, 2012, http://documents.worldbank.org/curated/en/2012/11/17097815/turn-down-heat-4%C2%B0c-warmer-world-must-avoided.

[7] World Bank, "World Is Locked into about 1.5℃ Warming & Risks Are Rising, New Climate Report Finds," November 23, 2014, http://www.worldbank.org/en/news/feature/2014/11/23/climate-report-finds-temperature-rise-locked-in-risks-rising.

[8] World Bank, "Turn Down the Heat: Confronting the New Climate Normal," November 23, 2014, http://documents.worldbank.org/curated/en/317301468242098870/Main-report.

[9] Paul V. Desanker, World Wildlife Foundation, "Impact of Climate Change on Life in Africa," June 2002.

[10] I. Niang, O. C. Ruppel, M. A. Abdrabo, A. Essel, C. Lennard, J. Padgham, and P. Urquhart, *Climate Change 2014: Impacts, Adaptation, and Vulnerability*, Part B: Regional Aspects, Contribution of Working Group II to the Fifth Assessment Report of the Intergovernmental Panel on Climate Change, V. R. Barros, C. B. Field, D. J. Dokken, M. D. Mastrandrea, K. J. Mach, T. E. Bilir, M. Chatterjee, K.L. Ebi, Y. O. Estrada, R. C. Genova, B. Girma, E. S. Kissel, A. N. Levy, S. MacCracken, P. R. Mastrandrea, and L. L. White, eds. (Cambridge, UK: Cambridge University Press, 2014), 1199–1265.

[11] "Climate Change Seriously Affecting S. Africa: Minister," *Global Times*, November 30, 2015.

[12] United Nations High Commissioner Agency, "2014 in Review; Trends at a

Glance," Executive Summary, June 18, 2015.

[13] Ibid.

[14] United Nations Human Settlements Programme (UN-HABITAT), *State of the World's Cities 2006/7* (Nairobi, Kenya: United Nations Human Settlements Programme, 2006), 1–108.

[15] S. B. Adamo, "Environmental Migration and Cities in the Context of Global Environmental Change," *Current Opinion in Environmental Sustainability* 2, no. 3 (2010): 161–65.

[16] Boko et al., *Climate Change 2007*, 433–67.

[17] Lauren Vallez and John Abraham, "East African Countries Are Dealing with the Impacts of Climate Change," *Guardian*, March 17, 2014.

[18] B. Dont and R. Sutton, "Dominant Role of Greenhouse-Gas Forcing in the Recovery of Sahel Rainfall," *Nature Climate Change*, June 1, 2015.

[19] Carbon Brief Staff, "Factcheck: Is Climate Change Helping Africa?" CarbonBrief.org, June 3, 2015.

[20] Ibid.

[21] United Nations Food and Agriculture Organization and USAID-funded Famine Early Warning Systems Network, "Somalia Famine Killed Nearly 260000 People, Half of Them Children, Reports UN," UN News Centre, May 2, 2013.

[22] Boko et al., *Climate Change 2007*, 433–67.

[23] A. M. Abdi, J. Seaquist, D. E. Tenenbaum, L. Eklundh, and J. Ard, "The Supply and Demand of Net Primary Production in the Sahel," *Environmental Research Letters*, September 9, 2014; Chris Arsenault, "'Population Growth Far Outpaces Food Supply' in Conflict-Ravaged Sahel," *Guardian*, October 22, 2014.

[24] Internal Displacement Monitoring Centre, "Global Estimates 2014: People Displaced by Disasters," Annex A.

[25] P. F. Reich, S. T. Numbem, R. A. Almaraz, and H. Eswaran, "Land Resource Stresses and Desertification in Africa," in *Responses to Land Degradation. Proc. 2nd. International Conference on Land Degradation and Desertification, Khon Kaen,*

Thailand, ed. E. M. Bridges, I. D. Hannam, L. R. Oldeman, F.W.T. Pening de Vries, S. J. Scherr, and S. Sompatpanit (New Delhi: Oxford University Press, 2001).

[26] R. Lal and B. A. Stewart, *Advances in Soil Science: Soil Degradation* (New York: Springer, 1990), 154.

[27] P. Gonzalez, C. J. Tucker, and H. Sy, "Tree Density and Species Decline in the African Sahel Attributable to Climate," *Journal of Arid Environments* 8 (December 2010): 55–64.

[28] Carbon Brief Staff, "Factcheck: Is Climate Change Helping Africa?" June 3, 2015.

[29] Jeremy Hance, "20 Million People Face Hunger in Africa's Sahel Region," Monga Bay, February 20, 2014.

[30] Emma Batha, "Sahel Set to See Rise in 'Climate Refugees'—Report," Thomson Reuters Foundation, August 2, 2013.

[31] Richard Munang and Jessica Andrews, "Despite Climate Change, Africa Can Feed Africa," *Africa Renewal*: Special Edition on Agriculture 2014, July 2014, 6.

[32] Zlatica Hoke, "Prolonged Droughts Threaten Renewed Famine in Somalia," VOA News, September 24, 2014.

[33] "Extreme Weather and Resilience of the Global Food System, 2015," Final Project Report from the UK-US Taskforce on Extreme Weather and Global Food System Resilience, Global Food Security Programme, UK.

[34] Magdi Amin, Ragui Assaad, Nazar al-Baharna, Kemal Dervis, Raj M. Desai, Navtej S. Dhillon, Ahmed Galal, *After the Spring: Economic Transitions in the Arab World* (New York: Oxford University Press, 2012).

[35] World Bank Sector Brief, "Agriculture & Rural Development in MENA," September 2008.

[36] Jonathan Dimbleby, "Feeding on Ethiopia's Famine," *Independent*, December 8, 1998.

[37] Horn of Africa Services, "East Africans in Seattle," http://www.hoas.org/east-african-community-in-seattle.

[38] Food Security Portal, "Fires in Russia, Wheat Production, and Volatile Markets: Reasons to Panic?" August 9, 2010.

[39] Tom Parfitt, "Vladimir Putin Bans Grain Exports as Drought and Wildfires Ravage Crops," *Guardian*, August 5, 2010.

[40] Jeff Masters, "Drought in China Adds Pressure to World Food Prices," Wunderground, February 23, 2011.

[41] Dalia Mortada, "Did Food Prices Spur the Arab Spring?" *PBS Newshour*, September 7, 2011.

[42] Sarah Johnstone and Jeffrey Mazo, "Global Warming and the Arab Spring," *Survival* 53, no. 2 (2011): 11–17.

[43] Food Security Portal, "Fires in Russia."

[44] World Bank, "Severe Droughts Drive Food Prices Higher, Threatening the Poor," *Food Price Watch*, August 30, 2012.

[45] R. Arezki, M. Bruckner, "Food Prices, Conflict, and Democratic Change," School of Economics Working Paper, University of Adelaide School of Economics, December 2010.

[46] Nikos Alexandratos and Jelle Bruinsma, "World Agriculture towards 2030/2050: The 2012 Revision," Food and Agriculture Organization of the United Nations, June 2012.

[47] Refugees International, Sahel: "Recurrent Climate Shocks Propel Migration; Resilience Efforts Face Challenges," August 1, 2013 .

[48] UN Intergovernmental Panel on Climate Change, "The Regional Impacts of Climate Change," 2007.

[49] Department of Defense, Quadrennial Defense Review, March 2014.

[50] Zack Colman, "Hagel: Climate Change a 'threat multiplier,' " *Washington Examiner*, October 13, 2014.

[51] African Ministerial Conference on the Environment, "Drought in the Horn of Africa: Challenges, Opportunities, and Responses," September 13, 2011.

[52] A. M. Abdi, J. Seaquist, D. E. Tenenbaum, L. Eklundh, and J. Ardö, "The Supply

and Demand of Net Primary Production in the Sahel," *Environmental Research Letters* 9, no. 9 (2014).

[53]　Arsenault, "Population Growth."

[54]　Ibid.

[55]　Mark Anderson, "Refugees and Patchy Rains Trigger New Sahel Hunger Crisis," *Guardian*, July 31, 2014.

[56]　Brandon Miller, "Expert: We're 'locked in' to 3-Foot Sea Level Rise," CNN, September 4, 2015.

[57]　Andrew Freedman, "New York Launches $19.5 Billion Climate Resiliency Plan," Climate Central, June 11, 2013.

[58]　*Turn Down the Heat: Climate Extremes, Regional Impacts, and the Case for Resilience*, Report for the World Bank by the Potsdam Institute for Climate Impact Research and Climate Analytics (Washington, DC: World Bank, 2013).

[59]　Internal Displacement Monitoring Centre and Norwegian Refugee Council, "Global Estimates 2015: People Displaced by Disasters," July 2015.

[60]　Katy Migiro, "Thousands Homeless as El Niño Floods Sweep Somalia," *African Independent*, October 28, 2015.

[61]　"Humanitarian Bulletin: Somalia April 2015," Relief Web, May 25, 2015.

[62]　"Agriculture > Workers per Hectare: Countries Compared," Nation Master, http://www.nationmaster.com/country-info/stats/Agriculture/Workers-per-hectare.

[63]　"Enhancing Climate Resilience of the Vulnerable Communities and Ecosystems in Somalia," United Nations Development Programme, November 21, 2014.

[64]　"Somalia: Displaced People Hit Hardest by Flooding," Relief Web, May 6, 2013.

[65]　"Forced Displacement in Somalia Shows 'no signs of easing,' UN Agency Warns," United Nations News Centre, September 16, 2014.

[66]　"Somalia: Kismayo Hit by Flash Floods," *Somali Current*, June 8, 2014.

[67]　"Somalia: Over a Million IDPs Need Support for Local Solutions," Internal Displacement Monitoring Centre, March 18, 2015.

[68]　Ibid.

[69]   "Workshop Report: Adopting and Implementing Somaliland's Draft Policy Framework on Internal Displacement," Internal Displacement Monitoring Centre, March 1–2, 2015.

[70]   "Somalia: Over a Million IDPs Need Support."

[71]   "2015 UNHCR Country Operations Profile—Ethiopia," UNHCR, http://www.unhcr.org/ethiopia.html, accessed March 30, 2016.

[72]   "Refugees in the Horn of Africa: Somali Displacement Crisis," UNHCR, http://data.unhcr.org/horn-of-africa/regional.php, accessed October 21, 2015.

[73]   Médecins Sans Frontières, "Dadaab: The Biggest Refugee Camp in the World Is Full," June 16, 2011.

[74]   Edmund Sanders, "Fleeing Drought in the Horn of Africa," *Los Angeles Times*, October 25, 2009.

[75]   United Nations High Commissioner Agency, "2014 in Review; Trends at a Glance," June 18, 2015.

[76]   "Ethiopia Overtakes Kenya as Africa's Biggest Refugee-Hosting Country," UNHCR, August 19, 2014.

[77]   Ban Ki-moon, "A Climate Culprit in Darfur," *Washington Post*, June 16, 2007.

[78]   United Nations Environment Programme, "Sudan: Post-Conflict Environmental Assessment," June 2007.

[79]   Paul Adams, "Migration: Are More People on the Move Than Ever Before?" BBC News, May 28, 2015.

[80]   Elliott Negin, "Think Today's Refugee Crisis Is Bad? Climate Change Will Make It a Lot Worse," Huffington Post, June 30, 2015.

[81]   G. O. Ouma and L. A.Ogallo, "Desertification in Africa," *Promotion of Science and Technology* 13, n0.1 (2007): 22–25.

[82]   Busani Bafana, "Climate Change Killing Trees across the Sahel, Says Study," *Guardian*, December 20, 2011.

[83]   Africa Renewal, "Desertification a Threat to Africa's Development," Africa Renewal Online.

[84]　Ibid.

[85]　Amparo Palacios-Lopez, Luc Christiaensen, and Talip Kilic, "How Much of the Labor in African Agriculture Is Provided by Women ?" Policy Research working paper no. WPS 7282, World Bank Group, June 2, 2015.

[86]　Africa Renewal, "Desertification a Threat to Africa's Development," Africa Renewal Online.

[87]　Norwegian Refugee Council and Internal Displacement Monitoring Centre, "Assessing Drought Displacement Risk for Kenyan, Ethiopian, and Somali Pastoralists," April 26, 2014.

[88]　Walter Kalin and Nina Schrepfer, "Protecting People Crossing Borders in the Context of Climate Change: Normative Gaps and Possible Approaches," University of Bern, Switzerland, for the United Nations High Commissioner for Refugees, February 2012.

第七章

中东：气候变化和国家安全的爆发点

气候学家说叙利亚是一次冷酷的预演，是将会出现在大部分中东地区、地中海区域和世界其他地方事件的预演。

——约翰·温德尔（John Wendle），《科学美国人》2015 年 12 月

在难民危机最严重和最普遍的地区，无须强调，人们就明白环境移民是个严重的问题，但问题产生的部分根源在气候变化上。科学表明，全球变暖会加大未来出现难民危机的可能性。所有这一切的启示是，气候变化使世界上最大的难民危机更有可能发生。未来，气候压力将继续引发政治动荡，并对更多难民产生影响。

引发全球关注的叙利亚难民男孩

一张溺水身亡的 3 岁叙利亚男孩被冲上沙滩的照片引起了全世界的关注，他的名字叫艾兰·科迪（Aylan Kurdi）。当时一艘移民船从叙利亚驶往希腊的科斯岛，他与母亲和兄弟一起溺水身亡。他的父亲阿布杜拉（Abdullah）在旅途中活了下来，可是包括艾兰在内的 12 名难民却失去了生存的机会。[1]

2015 年 9 月初，这张照片开始引发关注，它将中东的难民危机推到了国际辩论的风口浪尖。当然，这场危机所涉及的人远不止一个蹒跚学步的孩

子。2015 年，有 100 多万名难民和移民逃往欧洲，其中约有一半是叙利亚人。[2] 由于气候破坏和战争的影响，400 万名叙利亚人在过去的几年中远离了他们的家乡。[3]

难民危机远远超出了叙利亚的范围。在阿拉伯世界的大部分地区，战争、社会冲突和不稳定导致了 1670 万名难民流离失所。除了 1670 万名难民之外，这些地区还有 3330 万名难民在国内流离失所，也就是说，他们在自己的国家的边境内流离失所。[4] 这种内部流离失所本身对这些国家的安全带来不少隐患。在叙利亚，气候破坏伴随快速的城市化和人口增长，这是一种致命的组合。

叙利亚危机的气候根源

关于叙利亚难民危机引发政治冲突的讨论和文章已经够多了，所以本文不会深究太多。相反，我们将从更广泛的维度审视叙利亚危机，关注危机和气候变化之间的联系。

叙利亚正在推动难民危机，而气候变化已经推动了叙利亚难民危机。这是气候变化和逃离政治动荡的难民之间建立的最清晰的科学联系。开始的时候，像许多中东和北非的动乱根源一样，都伴有一个长期严重的干旱——由于全球变暖，干旱的可能性增加了 3 倍。具体来讲，"叙利亚在 2006—2010 年遭遇了毁灭性的干旱，影响了最肥沃的土地。4 年的干旱使全国近 60% 的土地变成了沙漠。这是一片广袤的土地，人们却无法在这里放牧和交易"。[5]

多年的干旱给叙利亚的农业部门造成了巨大的影响，导致大面积的农作物歉收——在某些地区歉收面积达到了 75% ~ 100%——导致 85% 的牲畜死亡："200 万 ~ 300 万叙利亚农村居民已经成了'极度贫困者'。"[6] 农业生产的困难引发了大规模的内部迁移。大约有 150 万人从农村社区迁移到叙利亚的城市中心及其周边地区。那些已经被伊拉克战争难民淹没的城镇，缺少食物和经济发展机会。内部迁移带来的人口冲击对已经很紧张的资源带来了更大的压力。2002—2010 年，城市附近居住地发展迅速，在短短 8 年时间里增长超过了一半。城市外围地区充斥着"非法移民、过度拥挤、落后的基础设施、失业和犯罪……"阿萨德（Assad）政府对这些问题一直视而不见，是动乱发展起来的本质原因。[7] 此外，"叙利亚政府开始在宗派的基础上分配钻探水源的权利"。所以，当雨水干涸时，绝望的人们开始非法挖掘水井，这同样也成了一种政治行为。[8]

至于动乱的导火索，许多人认为，是在埃及将独裁者驱逐下台的阿拉伯之春后不久，德拉的几个男孩因为在学校的墙上涂鸦"推翻政权"而入狱。[9]全国各地爆发了抗议，总统巴沙尔·阿萨德（Bashar al-Assad）对抗议者进行了残酷镇压，数千人丧生，内战开始。[10]

根据 2015 年 3 月发表在《美国国家科学院院刊》（*Proceedings of The National Academy of Sciences*）杂志上的一项标志性研究，干旱本身就有"催化效应"。该研究将全球变暖、干旱和叙利亚动荡之间的联系进行了分类，并明确得出全球变暖影响使地区变得不稳定的结论。[11]

叙利亚并不是唯一的多年受干旱影响的国家。哥伦比亚大学教授理查德·西格（Richard Seager）在《独立报》上援引道，气候变化"正持续地使整个东地中海和中东地区变得更加干旱"。西格指出，"黎巴嫩、约旦、以色列、伊拉克和伊朗"也面临着干涸问题，"即便形形色色的社会、宗教和种族战争问题相继登场，在未来的几年到几十年里，该地区仍将感受到水资源减少带来的压力"。[12]

叙利亚危机带来了数百万名难民和难以置信的隐患

随着叙利亚内战的进行，到 2015 年 11 月，叙利亚难民人数超过 400 万人，流离失所者达 650 万人。[13] 任何政府或国际机构都不会向叙利亚人提供"环境难民"或"气候难民"身份。根据《日内瓦公约》的条款定义，逃离战争和冲突的他们已经是"难民"了。如上所述，这些难民和气候变化之间的联系是复杂的。该地区的政治因素确实极大地影响了国内的动荡，而气候变化不过是目前混乱局面的一个导火索。

值得注意的是，这场危机显示了当难民数量远远超过当前体系所能承受的程度时，会发生什么情况。自 2011 年以来，难民数量急剧增加，而叙利亚危机是导致难民增加的主要原因。2014 年，平均每天有 4.25 万人成为难民、寻求庇护者或国内流离失所者。联合国称叙利亚战争是"世界上造成流离失所的最大原因"。[14]叙利亚难民以前所未有的速率激增：2015 年，难民人数"远远超过"了 2015 年的 6000 万人，达到自 1992 年以来的最高水平。[15]

阿拉伯之春：叙利亚暴动和后续战争的点火器

大多数新闻报道认为，阿拉伯之春始于突尼斯，当时突尼斯通过和平抗议导致总统本·阿里（Zine El Abidine Ben Ali）辞职，暴动蔓延至埃及、利比亚和中东地区。[16]但是，中东民主运动的势头实际上应该源于亚洲持续多年的干旱。

发生在中国的一场长期严重干旱和使得多个独裁政府下台的阿拉伯之春——这两个事件看似是无关的，但实际上它们是存在内在联系的。阿拉伯之春前的冬天，中国和俄罗斯经历了百年一遇的旱灾。气候模式的改变使这两个地区的小麦生产都遭受了破坏，全球小麦价格飙升。由于埃及和该地区的其他国家高度依赖小麦进口，它们受到的影响尤为严重。干旱是由于降水不足导致的，随后的季节降雪减少，土壤湿度减少。2009—2010 年的干旱造成 400 多万人水资源短缺，近 2500 万英亩种植小麦的农田受损。[17]

虽然本章的主题是中东而非中国。但用牛津大学研究员特洛伊·斯腾伯格（Troy Sternberg）的话说，中国的干旱是"局部的危险全球化"的示范。[18]气候变化引起的干旱可能在很远的地方产生影响，甚至是世界的另一端。

尽管一名突尼斯抗议者引爆了阿拉伯世界的抗议活动，但是事件却在埃及发酵。此外，由于亚洲干旱造成的小麦价格上涨，埃及是受影响最严重的国家。2010—2011 年，埃及的粮食价格上涨了 1 倍多。[19]政府随后削减了对居民的食物补贴。食物价格上涨是抗议活动中所表达的主要不满之一。抗议者挥舞着面包作为抗议的象征，高呼"面包，人的尊严"。[20]埃及推翻了独裁统治，引发了地区冲突。随后，其他几个阿拉伯国家也纷纷效仿。

阿拉伯之春期间，利比亚独裁者穆阿迈尔·卡扎菲（Moammar Gadhafi）被驱逐下台，这引发了内战，加剧了难民危机。此前，利比亚是公认的中东和欧洲难民之间的过渡带——情况非常恶劣，可以肯定的是：卡扎菲把移民直接扔进了监狱，强奸和酷刑随处可见。[21]但如果没有卡扎菲，大批移民将涌入欧洲。在混乱无序的状态下，先前封闭的难民通道重新开放，使得难民可以快速向西方涌进。

叙利亚的分裂也发生在其他中东国家。阿拉伯之春之后，阿拉伯世界成为战争和死亡的斗兽场。也难怪从那时起，那么多人试图逃离。他们试图逃到比以往更远的地方：进入阿拉伯世界之外的西欧。为了做到这一点，他们必须穿越地中海。

穿越地中海的危险

对于逃离家园的难民来说，穿越地中海更加危险了。2014 年，欧盟削减了船只救援任务，希望阻止难民穿越地中海，但是减少救援的警告将大大增加海上难民的死亡人数。[22]对于难民来说，并没有其他的选择。成千上万的难民已经穿越了地中海，并且还在持续。2014 年，超过 21.9 万名难民和移民越过地中海，3 倍于阿拉伯之春的 7 万名难民。难民数字还在继续增长：2015 年前 8 个月，有 30 万人开始了长途跋涉之旅。[23]通过船只偷渡难民穿越地中海已经成为一个重要产业。的确，在中东的一些地区，气候变化和战争中的这一产业相当暴利，预计 2015 年的利润将高达 10 亿美元。[24]

2013 年，700 名试图穿越地中海进入欧洲的移民和难民被报失踪或死亡。2014 年，这个数字上升到 3166 名，2015 年为 3601 名。[25]其中很大一部分——将近一半——来自叙利亚。4 月，一艘载有 800 多名难民的船倾覆，几乎全员遇难。当时只有 27 名幸存者。[26]当月，有 1308 名难民和移民溺亡或失踪。[27]沉船事故促使欧盟出台了更为有效的救援陷入困境的船只的措施。[28]据难民专员办事处表示，效果立竿见影。4 月失踪或溺亡的移民超过 1000 名，但这个数字在 5 月降至 68 名，6 月为 12 名。正如难民专员办事处所提到的："在海上即使是死亡 1 个人，也太多了。"[29] 因为有多条路线，穿越地中海的危险还在延续。

难民营和旅途中的悲惨状况

对于那些在长途跋涉中有幸存活下来的人，他们的目的地首先是难民营。但是，越来越多的难民使得难民营无法接纳所有需要安置的难民，同时，难民营本身也太过于拥挤、不安全。

单是叙利亚人就非常需要帮助。2014 年年底，联合国表示帮助叙利亚人民需要 84 亿美元，其中很大一部分是用于帮助叙利亚的邻国收容难民。[30] 目前为止，世界各国所承诺的资金还不及这个数额的一半。[31] 联合国难民事务高级专员安东尼奥·古特雷斯表示，收容国已经"处于临界点"。这场危机促使国际机构重新考虑应当如何为难民提供更好的援助，古特雷斯称这是一个新的"援助体系结构"，能够"将支持难民同维护收容社区稳定两件事情联系起来"（图 7.1）。[32]

联合国呼吁通过提供政策和行政上的支持，改善卫生、教育、水源和污水方面的服务。对土耳其境内的叙利亚难民来说，证件是一个非常重要的问题，许多没有有效证件的难民已经被送回了叙利亚。[33] 由于资源迟滞和缺乏，难民家庭可能在那里滞留难民营多年，得不到安置。[34] 2015 年 12 月，联合国的机构间区域难民和恢复能力计划（3RP）在提出一年后终于出台。在那期间，叙利亚登记的难民人数增加了 100 多万名，但只筹集到计划资金的一半。另外，难民营周围地区经济状况比较艰难，薪水微薄、工作条件差、就业不充分，主要是因为难民过多、工作岗位不足。[35]

黎巴嫩、约旦、埃及和土耳其成为接收叙利亚难民人数最多的国家，也是因为它们与叙利亚接壤或者离得不远。这其中的每个国家都在处理不同的问题，而难民则试图逃到比中东更远的地方——远离动乱——进入欧洲。

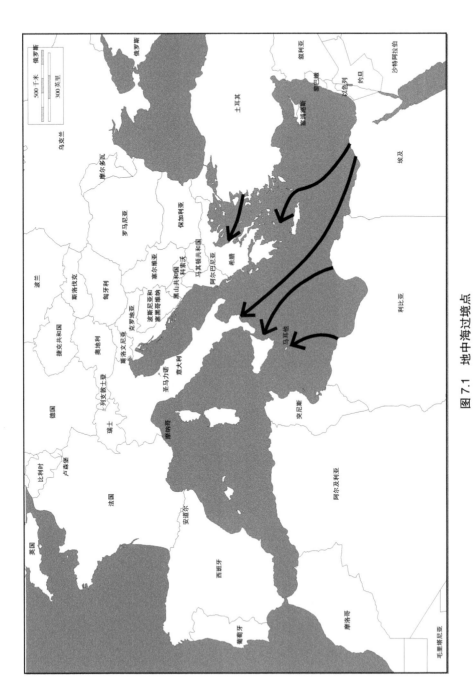

图 7.1 地中海过境点

数据来源：《通往欧洲的海上通道：难民时代的地中海通道》，联合国难民事务高级专员，2015 年 7 月 1 日。

约旦有世界上最大的叙利亚难民营——扎塔里（Zaatari），在距离马弗拉克以东6英里的地方，2012年扎塔里难民营的建成仅用了9天时间 。[36]扎塔里难民营建成后的3年里，已经累计收容了8.1万名难民。扎塔里难民营是中东最大的难民营，从"人口数量"来看，相当于约旦的第九大"城市"。[37]此外，难民营中超过一半的叙利亚难民是儿童，其中许多没有受过任何教育。因为没受过教育和培训，难民营的年轻人也无法获得谋生所需的技能，[38]所以他们一旦离开难民营，现实世界的生活对于他们将会非常艰难，因此很多人选择留在营地。

难民离开难民营，生活往往也无法得到改善。大多住在约旦的叙利亚人一个月连95美元都挣不到。因为在约旦的生活太过艰难，许多难民返回叙利亚。[39]截至2014年年底，约旦有超过65万名难民，大部分来自叙利亚。不过，尽管受到叙利亚难民危机的严重影响，约旦也仍然只是世界上的第六大难民收容国（图7.2、图7.3）。[40]

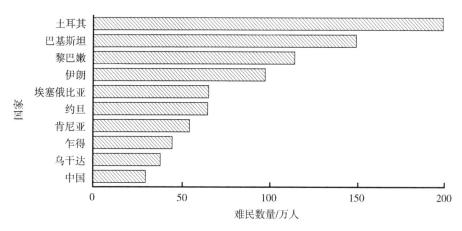

图 7.2　收容难民最多的几个国家

数据来源：https://www.amnesty.org/en/latest/news/2015/10/global-refugee-crisis-by-the-numbers。

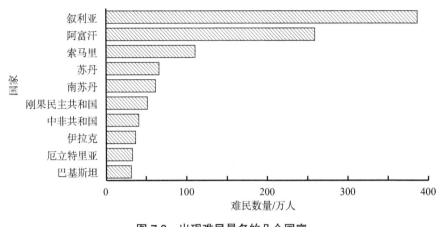

图 7.3　出现难民最多的几个国家

数据来源：http://data.worldbank.org/indicator/SM.POP.REFG.OR?order=wbapi_data_value_2014+wbapi_data_value+wbapi_data_value-last&sort=asc。

　　叙利亚难民主要集中在土耳其，因为土耳其与叙利亚的接壤最多。土耳其收容了全球将近一半登记在册的叙利亚难民：2015 年年底，叙利亚难民人数接近 230 万人。[41] 其中一半以上是 17 岁以下的年轻人，目前有 14% 住在难民营里。[42] 有 100 万名难民在土耳其登记，比 2014 年全年的难民数量都多，大多数住在土耳其的不同城市里。[43] 2015 年 12 月，美国呼吁土耳其封锁边境，理由是担心激进的 ISIS 会通过土耳其边境运送士兵和武器。[44] 虽然只是可能如此，但也会对试图逃离的难民产生影响。已经有超过 1 万名叙利亚难民在土耳其边境的检查站被扣留。[45]

　　黎巴嫩是第三大难民收容国，其中将近一半难民是叙利亚人。[46] 2014 年年底，该国收容了 117 万名难民，联合国表示黎巴嫩"国家的社会经济吸收力已经达到了极限"。[47] 在 2011 年叙利亚爆发内战前，黎巴嫩只收容了 8000 名难民。短短 4 年内，居住在黎巴嫩的难民增长了 145%。土耳其、黎巴嫩和巴基斯坦共收容了全部难民的 30%（包括非叙利亚人）。[48]

　　奇怪的是，伊拉克也收容了大量叙利亚难民。这让人感到很意外，因为伊拉克本身就有很多难民。不过，伊拉克也只收容了大概 25 万名叙利亚难民。

　　这些收容国与叙利亚接壤。它们所面临的困难早已为公众所知，不过经常被西方世界忽略——只要不影响到我们其他人，中东很容易被看作处于一个有问题却又无法解决的情况。

但是随着难民数量的增加，难民营已经难以负荷，而且难民也没有可能融入这些国家，因此他们正逃往更远的地方：穿越地中海，向北进入欧洲，甚至跨越大洋。通过这些危险、致命的路径，难民危机最终得到了媒体的关注——但他们付出了怎样的代价呢？

极端的热浪制造了 "无法居住" 区域和伊拉克动荡

虽然中东难民的不幸在今天成为现实，但考虑气候变化对于未来的难民危机会产生什么样的影响也至关重要。首先，我们要认真考虑气温上升对中东的影响：难以忍受的高温。

碰巧的是，全球变暖并不会让全球的气温同步上升，有些地区的升温会比其他地区低，有些地区的气温甚至会下降，至少暂时是这样。但是，中东地区将受到气候变暖的严重影响，升温速率是全球平均水平的 2 倍。这使得稀缺的水资源面临更大的压力——正如叙利亚所面临的情况——会出现大规模的农业消退。然而，随着居民向城市迁徙，正常情况下，城市也会经历更极端的热浪。由于城市热岛效应，全球变暖将会集中在大城市发生作用。[49]

如此极端的高温可以使整个城市瘫痪，就如同伊拉克的情况一样。2015 年夏天，中东大部分地区经历了肆虐的热浪，气温超过 120 °F（50 ~ 52℃），高湿度水平创造了一个新的热浪指数，伊拉克气温达到 159 °F，附近的伊朗超过 160 °F。[50] 为了应对高温，伊拉克政府出台了一个 4 天的 "救命假期"。

一个 "无法居住" 的城市就是这个样子，科学家们从 2015 年起开始使用这一术语。一项研究发现，中东的部分地区在不久的将来将会 "无法居住"。长时间的热浪频率是以前 10 ~ 20 倍。牛津大学环境变化研究所卡斯滕·豪施泰因（Karsten Haustein）博士对国际组织应对气候变化（RTCC）表示："过去 50 ~ 100 年里发生的事，如今只需要 1 ~ 5 年。"[51]

有人指出，伊拉克有可能在动乱中爆发这样的热浪。目前，已经有近 30 万名伊拉克人成为难民，150 万名成为国内流离失所者。[52] 那些已经流离失所者很难或者更加找不到抵御热浪的庇护所。

2015 年的热浪，是当年夏天伊拉克抗议活动的主题。天气热得足以熔化交通指示牌。[53]市民因为停电抗议示威：中东新闻机构半岛电视台（Al Jazeera）报道说，"在这里听我们讲话的所有人，都希望猖獗的腐败可以结束，他们想要恢复正常的常规服务，他们想要电，他们想要在伊拉克经历难以置信的高温热浪时可以有空调，他们想要干净的水"。[54]成千上万的居民走上街头抗议停电和政府腐败。一名抗议停电的民众被杀。伊拉克总理海德尔·阿巴迪（Haider al-Abadi）称，对于"我们必须马上解决的错误"，这次抗议是一个"早期警告"。他补充道，"如果这种情况继续下去，人们将会产生革命情绪"。[55]

巴基斯坦也受到了热浪的强烈侵袭，造成超过 1250 人死亡，其中仅南部城市卡拉奇就有 1000 人死亡。中暑、脱水、心脏病和其他与高温相关的疾病非常猖獗；殡仪馆塞满了人；全城停电使情况变得更糟。[56]

令人感到悲伤和讽刺的是，这一地区是全球变暖的最大根源之一——石油产业的中心地带——却因为气温过高而无法应对。长期、难以置信的高温热浪，让人根本无法在室外活动，预计到 2050 年这种情况将更加普遍。麻省理工学院的科学家杰瑞米·S. 帕尔（Jeremy S. Pal）和埃尔法蒂赫·A. B. 埃尔塔希尔（Elfatih A. B. Eltahir）在一项研究中发现，波斯湾的几座城市将会经历极端热浪，人们无法在室外生存，为了确保生命安全不得不进入有空调的建筑物，人类在许多地区都将无法居住生存。[57]因此，如果政府断电的话，这会带来新的动荡。伊拉克就是这样，一次断电几小时或几天。[58]

在一个比前工业化时期高出 2℃的环境下（这是联合国努力控制的全球变暖水平），中东地区的主要城市将经历更多天"酷热"，例如，2015 年的夏季热浪：安曼、约旦长达 62 天；伊拉克的巴格达最长达到 90 天；利雅得、沙特阿拉伯和其他国家最多达到 132 天。如果不能将全球变暖控制在 2℃以内，那么这些城市中让人无法忍受的炎热将会更加严重：所有这些城市，每年酷热天数都会超过 115 天。[59]

正如我们在伊拉克和巴基斯坦所看到的，许多遭受酷热的地方很有可能也经常停电，没有地方能够幸免。中东人最终要么逃离城市摆脱困境，要么必须面对生活在拥挤与高温中的艰苦。

干旱

因为处在一片沙地和沙漠中，中东的频繁干旱和缺水并不奇怪。然而，因为一直以来都在经历这些，关于这些地区的忧虑就很容易被人们搁置。事实上，干旱会愈发严重，而严重的干旱也将更加频繁。夏季月份的雨水会减少，升高的气温会蒸发土壤中的水分——剩余的水分很少。[60] 灌溉体系将会出现问题，农业经济也面临着崩溃。因水资源短缺的长期困境将会激化到临界点。

气候变化在叙利亚多年的旱灾中完全有迹可循，从而引发了内部暴动，但是干旱的范围绝不仅限于叙利亚。在过去的 40 年里，中东大约有 3800 万人受到干旱影响。在未来几十年，中东地区各国将是全世界水源压力最大的地方。[61] 世界资源研究所对 2040 年水源压力最大的国家进行了排名，33 个国家中有 14 个将面临"严重水资源压力"，其中中东的巴林、科威特和卡塔尔预计最为严重，原因就是气候变化，更极端的降水（不时有山洪出现的干旱）会耗尽地表水源。美国国家情报委员会承认，随着干旱日益频繁，中东地区的水资源压力"将使得动荡和失败的风险增加"，并且"加剧地区的紧张局势"。[62]

干旱已经造成了长期经济影响。在叙利亚，连续 3 年干旱后，2010 年，近 100 万人完全失去了生计。[63] 叙利亚已经开始进口水资源，或者确切地说是进口"虚拟水"，进口那些本国已经不能再生长的水资源密集型作物。例如，也门的首都确实是一个没有水源供应的城市。虽然在中东，许多石油资源丰富的国家都会采取经济杠杆，出口石油资源，进口水资源，但是像也门这样的贫穷国家却没办法这样做。目前，每个也门人每年只能获得 140 立方米的水。[64] 他们的淡水储备正在枯竭，消耗速度比补给要快。据世界银行报道，山区和乡村的地下水水位每年都会下降 6 米。[65] 随着水资源持续减少，谁知道他们会怎么做呢？进口"虚拟水"对难民而言并不是解决问题的方案，他们的生计主要依靠稳定的水源。阿拉伯之春在某种程度上给出了启示：更多的农民要求获得水资源的基本权利。[66]

水战争

水资源已经逐渐被当成战争武器。例如，ISIS 基于这种意图占领了堤坝。ISIS 通过限制附近村庄的水源，ISIS 增强了自身实力。[67] 对于 ISIS 这样的组织，控制稀缺的水资源是一笔巨大的用于反对政府、加强局势紧张的资本。ISIS 已经占领了幼发拉底河的多处堤坝。作为一项战略部署，为那些每天只有一小时用电的地区提供电力，从而获得更多的支持。附近地区的水也已经被 ISIS 控制。[68]

世界银行注意到，因为干旱的发展缓慢，并不像洪水或者地震那样引人注目，但它与"已有的冲突相结合"，就会引发"灾难"。在这个问题上，中东的水资源稀缺就是一个很好的例子。它"逐渐成为冲突的原因，共同体之间因为争夺有水源灌溉的牧场发起斗争，迫使人们离开家园，寻找更为安全的水源"。[69]

水资源匮乏如何引发冲突

气候变化和水资源短缺是相互关联的问题。政府间气候变化专门委员会主席拉金德拉·帕切尔（Rajendra Pachauri）表示，"遗憾的是，全球对我们所面临的水源危机并没有清醒认识……由于气候变化，水循环将会发生重大变化"。[70] 当提到水和地球严重缺水时，如圣经所言，灾难就会降临到我们的水资源上。无论是飓风、干旱、地下水源污染——或者是灾难性的海平面上升，我们似乎都没有做好应对准备。我们哀叹社会所遭受的灾难是自然所造成的，但我们并不打算为此做长期的计划和准备，因为可能是多年以后才发生的事。我们对于如此抽象的崩溃或灾难并不会感到不安，但有时候我们会收到可怕的提醒，如在海啸令成千上万的人无家可归，或者在中东地区很多国家的水源开始消失的时候。

截至 2013 年，约有 7.83 亿人缺乏清洁饮用水。[71] 每年有 20 亿人因为不健康的水致死。据联合国报告，到 2025 年，全球 2/3 的人口将面临间歇性的水资源短缺。石油可能是 20 世纪的重要资源，但我们现在所处的 21 世纪，许多人认为是一个水资源的世纪。只提一点就足以说明问题了，水资源的短缺正在推动社会走向一个历史上的临界点，这个临界点是水资源匮乏国家未来不断加剧的冲突和不稳定因素之一。

战略与国际研究中心认为，"一方面，因为有太多国家需要水，全球水资源面临挑战"；[72] 另一方面，水资源挑战的出现，也是由于气候变化、基础设施功能失调和政府体系不力，因而无力管理国家的水源供给和人口。有时，历史上定居下来的人也可能因为错误决定引发的冲突而变成难民。

今天的约旦，作为世界上最干旱的国家之一，大部分的水流入了沙地中，老化的基础设施是罪魁祸首。正如大西洋理事会（Atlantic Council）的一份报告所指出的那样，"约旦抽出的水资源中，有数十亿升并未到达各家各户的水龙头里。事实上，这些水已经从破裂的管道流了出去。全国范围内流失的水量可以满足 260 万人口的需求：超过约旦现有人口的 1/3"。[73] 随着邻国叙利亚内战的难民涌入约旦城市地区，约旦的水系统遭受了更大压力，很可能会因为年久失修而瘫痪。约旦的情况非常典型，它表明在基础设施上的错误决定会对国家人口产生巨大的影响。另外，在一个更温暖的世界里，冲突和危险已经一触即发。

中东的大部分地区水资源危急，该地区正面临严重的水资源短缺和污染。乔伊斯·斯塔尔（Joyce Starr）发现，早在 20 世纪 80 年代，美国政府情报部门就预测，世界上至少有 10 个地方可能爆发战争，其中包括约旦、以色列、塞浦路斯、马耳他和阿拉伯半岛的 6 个国家。[74] 气候变化对水源和社会会造成怎样的影响？国际和平研究所（International Peace Institute）的社会学家已经发现，气候变化产生的移民现象大多出现在气候变化向暴力转化的情景中。

如今，环境问题对于移民来说非常重要。有些移民迁徙是因为水量太多，如海平面上升、海啸、洪水，或者因为水量不足。在这些国家，人们主要依靠环境维持生计。例如，孟加拉国的土地退化和土地稀缺一直在恶化，频繁的风暴和洪水正在摧毁孟加拉国的国土。在 20 世纪 90 年代，主要因为这个因素，1200 万 ~ 1700 万孟加拉人移居到了印度，50 万人在国内搬离了以前的家园。[75] 20世纪30年代，美国也发生过类似悲剧，过度的农业化和长期的干旱把西部平原变成了出了名的"干旱尘暴区"，迫使250万人离开。

"水冲突"这个术语，严格上来说是用来描述不同国家、不同州或不同群体间在获取水资源上的冲突。根据太平洋研究所的一项历史研究，5000年以来水战争或冲突是反复出现的问题。[76] 这些冲突既涉及淡水资源也包括咸水资源，既有发生在国内的也有发生在国家之间的。淡水资源对社区的生存至关重要，它的获得性是生死攸关的问题。近期的人道主义灾难，如卢旺达种族灭绝或苏丹达尔富尔战争，都和长期存在的水冲突有关。目前，中东地区的争端都是由水冲突引发的，是气候难民外流的催化剂。这些争端包含底格里斯河和幼发拉底河地区的冲突，主要发生在土耳其、叙利亚和伊拉克；约旦河地区的冲突，主要在以色列、约旦、黎巴嫩和巴勒斯坦；尼罗河地区的冲突，主要在埃及、苏丹和埃塞俄比亚。正如肖恩·哈里斯（Shane Harris）在《外交政策》中写道，不断增长的人口，伴随着污染和气候变化的影响，对供养世界人口的水源系统造成了沉重的负担，这些水源对农业发展也非常重要。全球一半以上的湿地已经消失，世界各地的气候变化也改变了气候格局，引发了水资源短缺。[77] 这样的发展可能也会引发发达国家的冲突和人口外流。

在非洲和中东，未来的战争更有可能是为了争夺水资源而非石油。水资源霸权与气候难民是气候变化这枚硬币的两面。谁掌控了国家或地区水源政治，谁就掌握了依赖这些资源的大众全部命运。叙利亚就是一个很好的例子，它表明了水源政治与严重的干旱相结合，如何造就了21世纪最大的气候海啸和政治难民。

洪水：流离失所的驱动力

正如我们在第一章中所提到的，干旱和洪水并不相互排斥。事实上，二者共同作用会使农业用地退化，造成粮食和资源短缺。在全球范围内，记录最多的灾害是洪水，中东地区也是如此。[78] 其他气候事件引发危机比较缓慢，洪水则立竿见影造成人民流离失所。几乎所有的中东国家，洪水是最常见的自然灾害（伊朗除外，那里的地震最严重）。[79]

2014年，巴尔干地区严重的洪水是造成欧洲因灾害而流离失所的主要原因。[80]2014年5月，波斯尼亚和黑塞哥维那的暴雨淹没了河流，摧毁了河岸，造成了严重的洪水和山体滑坡。4.5万座房屋被毁，9万人流离失所，最终超过4万人寻求避难。在这些大多数人已经很难找到像样的住处的地区，洪水和滑坡造成了毁灭性的破坏。[81]

也门也经历了年复一年的大洪水，迫使成千上万的也门人离开家园。[82]在难民营里，也门人很容易遭到洪水侵袭。2013年的一次洪水摧毁了3个难民营一半的帐篷，8000个营地的居民受到了影响。[83]

联合国难民事务高级专员办事处表示，他们将尽其所能"继续帮助那些受此自然灾害影响的也门人"。[84]但是在法律上，这并不是他们的职责所在，因此流离失所者，很大程度上需要依赖于其他联合国机构的动员、捐助者的善意和其他形式的外国援助。

巴基斯坦的阵痛

与热浪一样，近年来，洪水对巴基斯坦造成了不同程度的影响。[85]2010年，强烈的季风暴雨淹没了印度河盆地。大约1/5的国家被淹，2000人死亡。超过1000万人流离失所，被安置在了资金严重不足的难民营。大部分农业经济都被摧毁了，难民们无以为生，因此洪水退去后，他们只能回到自己的家园。[86]估计造成经济损失430亿美元。[87]

流离失所者的生活很艰难。巴基斯坦人被迫生活在缺乏洁净水资源的难民营里。在洪水中大量牲畜死亡导致了严重的粮食短缺。由于缺乏水源卫生设施，伤寒、肝炎和霍乱疫情很有可能会爆发。[88]难民营的民众面临着"因水传播引发的疾病而带来的第二波死亡"，南亚国际红十字会的负责人雅克·德马约（Jacques de Maio）如是说。[89]

2010年巴基斯坦洪水带来的苦难还没有结束，1年后，2011年，洪水又摧毁了 170 万个家庭，导致 1800 万人流离失所。[90] 2014 年，季风降雨和洪水造成 367 人死亡，200 多万人受灾。[91] 2015 年，因为洪水的威胁，超过 100 万人被疏散，为收容他们成立了 835 个新的救急营地。[92]

巴基斯坦科学家认为，"强有力的证据"表明气候变化是造成 2010 年洪灾的罪魁祸首。[93] 事实上，联合国的科学评估发现，季风降雨的严重程度与大气温度的升高成正比。随着全球气温持续上升，季风降雨的趋势与全球变暖的趋势相一致，预计会更加恶化。[94] 2010 年的洪水——最严重的一次——在巴基斯坦南部肆虐，不过，预计巴基斯坦北部也会在未来遭受更多的洪水和山体滑坡灾害。[95]

尽管经历了频繁的毁灭性洪灾，巴基斯坦还是从众多国家中脱颖而出，成为灾害后重建国家的典范。在巴基斯坦东部与印度接壤的旁遮普（Punjab），巴基斯坦政府一直在建设模范试验村，取代那些被水灾毁坏的村庄，试验村对于洪水和气候变化的抵御能力会更强。季风带来的雨水冲走了土房，之后修筑的砖房可以更好地防御地震和洪水，还建立了新的学校和卫生基础设施。太阳能和沼气厂也替代了旧的排放密集型化石燃料工厂。这些措施促进了地区的经济发展，构成了适应气候变化的"三赢"局面：低排放、抗灾难、促进经济增长的新社区。[96]

中东社区或许有必要采取这种模式。即使没有气候变化，城市化的速度也会使得每一次灾难造成更多的破坏，牺牲更多的生命。因为城市化（以及气候变化），洪水死亡率在全球有所下降，但在中东地区却持续上升。受洪灾威胁，国内生产总值的损失超过过去 40 年的 3 倍。[97]

值得注意的是，像巴基斯坦的旁遮普，建立一个具有气候恢复能力的社区，花费不菲，每个地区的费用约为 2000 万美元。[98] 但是，在洪灾中损失的经济资产远远超过了这个数字。2008 年，也门地区的洪水泛滥，哈德拉毛省（Hadramout）和阿尔 - 马哈拉（Al-Mahara）损失了 16 亿美元。[99]

洪水问题中另一个重要的方面是城市化。大约 6000 万人生活在中东的沿海地区——约占人口总数的 17%。它是世界上增长最快的人口群体。到 2030 年，中东城市人口将增长 45%，新增人口将超过 1.06 亿人。[100] 在这些地区，随着持续的城市化发展，汹涌的潮水也会带来风险。此外，城市的居住区扩大往往缺乏适当应对洪水的基础设施，收容新移民的住房设施建得很快但质量很差。许多中东城市的居住地，缺乏足够的排水系统、集水系统、预警系统和应急计划。[101]

由于气候变化使农村地区的环境持续恶化，人们持续从农村迁移到城市，城市设施对于海平面上升和洪水的适应能力将越来越重要。

阿拉伯海的气旋

在阿拉伯海登陆的气旋过去并不常见，但现在有些人担心这可能会成为一种新的常态。阿拉伯海的环境有一切不利于气旋形成的条件。气旋和飓风需要广阔的空间来形成，温暖的海水来聚集力量，虽然阿拉伯海很温暖，但对于气旋来说太小了。事实上，气旋一般从印度洋旋转而出，穿过狭窄的阿拉伯半岛。

2015 年秋季，在阿拉伯海形成的两个气旋，仅 1 周内就登陆了也门。[102]首先，最糟糕的气旋是"查帕拉"（Chapala），给也门带来了灾难性的后果。气旋袭击的地区，造成了 10 万名国内流离失所者和 2.7 万名难民。[103]虽然死亡人数不详 [受打击最严重的地区"穆卡拉"（Mukala），几个月来一直由部落委员会和基地组织（al-Qaeda）控制]，但有数十人失踪，6000 人逃到了更高的地方。[104]

在第二次气旋"梅甘"（Megh）登陆前，也门几乎没有时间让人从震惊中反应过来。它的威力不如"查帕拉"，但同样致命，在也门的索科特拉（Socotra）岛有 6 人死亡。陆地上，由于热带低气压的减少，"梅甘"淹没了一所医院，医院里主要收容的是因为"查帕拉"而无家可归的人。"梅甘"气旋还毁坏了另外 3000 人的房屋。[105]总部设在俄勒冈的人道主义组织国际美慈组织（Mercy Corps）预计，在风暴过后，多达 4 万名也门人会因洪水而流离失所。[106]

在那致命的 1 周前，还从没出现过一年内两次气旋登陆也门的情况。所有人都认为这次的气旋不同寻常。阿拉伯海每年只形成 1 ~ 2 个气旋，而且很少能获得足够的能量成为严重气旋。然而气旋"查帕拉"的形成主要是因为破纪录的海洋高温。这是阿拉伯海历史上第二强大、持续时间最长的气旋，这两个因素掺杂在一起，该气旋产生了该地区有史以来的最大能量。[107]

许多科学家并不认为气旋会随着全球变暖而变得更加频繁，但是它们会变得更加强烈。因此，虽然阿拉伯半岛平均每年只形成 1～2 个气旋，但它们足以登陆和造成更大的破坏。[108]

看看阿富汗

阿富汗是仅次于叙利亚的第二大难民来源国。2013 年，在叙利亚暴乱之前，它排在第一位。事实上，在过去的几十年里，阿富汗在 1981—2013 年，被列为头号难民输出国。直到最近，叙利亚暴乱后才降至第二。[109] 因此，尽管危机不是什么新鲜事，但叙利亚的难民们面对气候变化的弱点非常特殊。

近年来，阿富汗难民危机不断升级。难民危机往往是相互关联的，叙利亚的难民危机对阿富汗和其他周边国家也造成了影响。大多数阿富汗难民最后来到邻国巴基斯坦。通常情况下，它是世界上最大的难民收容国，2014 年第一次落后于土耳其，当时它收容了 150 万名难民，其中大部分是阿富汗人，[110] 但是两国关系非常紧张。许多阿富汗官员和居民指责巴基斯坦，塔利班于 2014 年 8 月在喀布尔（Kabul）发动攻击。[111] 尽管如此，阿富汗和巴基斯坦政府正试图共同努力，搞清楚如何处理在一个单一国家中最大规模的持续的难民问题，努力延长阿富汗难民在该国的登记证明时限。

根据圣母大学全球适应指数根据气候变化风险程度对各国进行的排名，阿富汗在 180 个国家中排名第 169 位，[112] 排名计算了包括应对热浪、干旱和洪水及其他状况的能力。[113] 武装冲突和环境恶化削弱了该国在灾害风险管理和气候适应方面的投资。[114] 尽管军事武装和政治冲突是造成阿富汗人民流离失所的主要原因，但内部流离失所监测中心指出，气候驱动因素使情况变得更糟。

自然灾害加剧了因资源稀缺和土地纠纷造成的紧张局势（图 7.4）。[115]

尽管作为流离失所的共同驱动因素，自然灾害和冲突相互叠加、共同作用，但两个问题由不同的机构进行跟踪和帮助，形式也不同。联合国难民事务高级专员办事处和阿富汗国家灾害管理当局这两大组织需要共同努力，构建综合的反应机制，更好地去帮助那些有需要的人。

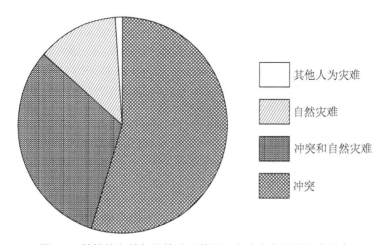

其他人为灾难

自然灾难

冲突和自然灾难

冲突

图 7.4　赫拉特和赫尔马德（巴基斯坦）流离失所的驱动因素

数据来源：IOW / Samuel Hall 咨询公司，2014 年。数据：IOM DTM，2013 年 12 月。

目前的情况是，那些宣称政治冲突导致他们流离失所的人得到了更好的长期援助。因此，流离失所者宣称他们迁徙的原因是政治上的不安全，而并非自然灾害或气候变化。[116] 然而，2013 年 11 月，阿富汗通过了关于国内流离失所者的国家政策，适用于逃离政治冲突和自然灾害造成的流离失所者。这项政策会如何发挥作用，我们拭目以待。[117]

适应性

中东不仅是目前最大的难民源，而且历史上还遭遇过恶劣的气候和环境，是综合条件最恶劣的典型地区。因此，它可以给其他适用的地区传授宝贵经验。首先，这个地区必须要适应缺水的环境。水资源短缺已经成为引发冲突的重要因素，随着水资源持续枯竭，会出现更多因争夺剩余的资源引发的冲突。因此，不能适应的话，水资源将成为该地区重要的地缘政治资源，"水源战争"可能会成为冲突的主要原因。

许多人认为，海水淡化是解决水资源短缺的最后手段，这是一种将盐与杂质从咸海和海水中去除的过程，但对于一些阿拉伯国家来说，这是饮用水的主要来源。目前，世界上超过 70% 的海水淡化厂从阿拉伯海湾和地中海取水，并为该地区服务。[118] 但经历这一过程后，盐水又回到了海域，可能会损害该地区的环境。海湾地区，一些地区的盐含量是正常的 8 倍，影响了该地区的渔业。随着时间的推移，含盐的垃圾不断被丢弃到越来越咸的海水中，海水淡化的过程将变得越来越低效，反过来也会损害该地区的生态和野生生物。

然而，在变得无法生存之前，海水淡化行业正在蓬勃发展，特别是在石油资源丰富的国家，这样一个能源密集型的措施是行得通的。[119] 但是这一过程的可获得性往往成为浪费的借口。依靠化石燃料密集型的方式来提供清洁的水源，可能性将越来越小，因为这些国家正在努力实现温室减排，以防止进一步的干旱和水资源枯竭。一些国家正在试验用太阳能供电的海水淡化厂。[120]

即便如此，对于像也门这样的贫穷国家来说，这个方法成本仍然很高，困难也很大，是不到万不得已不会采取的方式，而不是像过去那样成为浪费水资源的借口。高尔夫球场和公园都是用宝贵的饮用水浇灌的。[121] 旅游业也引发了水资源的浪费，长时间、频繁的泡澡和淋浴，游泳池和草坪对水资源的需求也越来越大。

农业需要进行大刀阔斧的改革。长期以来，该地区种植的作物在这个地区并不适合，如棉花、水稻、小麦，应该转而种植用水更少的作物。正如上面所讨论的，通过农作物购买"虚拟水"是另一种选择。但是完全用进口取代整个产业的想法在经济上是行不通的。

通过废水回收来节约用水将是关键，尤其是在城市里。回收的水——厕所冲水、淋浴、下水道冲水——都可以用于农田灌溉、水景和厕所用水。幸运的是，废水回收技术正在迅速发展。[122] 但它也有风险，特别是在农业环境中使用废水的时候，可能增加农民和群体对化学品和疾病的接触。这是一个值得关注的问题，因为回收技术的使用会更加广泛。目前，少有政府对此进行监管，这需要改变。[123]

《卫报》的环境编辑约翰·维达尔（John Vidal）在 2015 年报道，有一些较小的城市已经完全没有水资源了。许多其他城市的供水仅限每天几小时。这些地区大部分的主要水源，蓄水层正在以惊人的速度枯竭，这是一个不可逆转的过程。[124] 如果什么都不做的话，供水中断可能会成为常态。

实施后有效果的政策可以为其他地区所效仿。例如，据约旦的官员称，约旦想"通过节约用水最大限度利用现有的水资源……使用再生水替代淡水灌溉农业"。[125] 摩洛哥正在与世界银行合作，通过提供固定数量的水和高效的灌溉设备，"使盆地的灌溉更持久、更有利、更能够适应气候变化"。[126]

一些城市正在考虑采取严厉的节水措施。阿拉伯联合酋长国的几个城市正在进行这样的努力。阿布扎比目前正在建设一座未来主义城市，名为玛斯达尔（Masdar），该城市将使用可再生能源，并采用严格节水措施：用混凝土取代路面上的草坪，所有建筑中安装节水装置。维达尔指出，阿布扎比的学校和清真寺也在努力节约用水。他们在阿布扎比建造了 2000 座清真寺，安装的一些节水装置回收祈祷前施用地水，并通过发起校内比赛来节约用水。[127]

欧盟在 2007 年制定了一系列政策方针，包括建议设立合理的水资源价格，更有效地分配与水资源有关的资金，并为用水效率和土地使用规划提供资金，改善干旱风险管理和监测系统，[128] 也需要向节水文化转变。此外，需要通过收集雨水或者处理废水修复枯竭的蓄水层。

有一点可以肯定，尽管需要地区和地方层面的解决方案，但是国际合作也是防止全球灾难性水危机的必要条件。许多水源都穿越了国际线，如底格里斯河、幼发拉底河及各种海域。底格里斯河和幼发拉底河的水源是争论点和控制点，主要是因为它的消耗速度比世界上除了印度北部以外几乎所有的地方都要快，[129] 负责协调欧盟资助的气候引发的在地中海盆地的水文变化项目（Climate Induced Changes on the Hydrology of Mediterranean Basins，CLIMB）的拉尔夫·路德维希（Ralf Ludwig）教授曾表示："很显然，国际合作通常是一个更强更好的机制，可以持续管理水资源稀缺引发的冲突。当开始合作的时候，你也许能够找到持久的解决方案，让所有参与其中的人受益。在任何情况下，都需要采取适应性强的合作行动，以减少冲突的可能性，增强水资源安全。"[130]

阿拉伯地区有教派人士认为，保护资源和水资源是宗教的核心。尽管信仰不同或是政党对立，但都别无选择，只能合作来应对毁灭性的冲突。事实上，一些专家指出水源危机以一种新形式带来了促进和平的机会。[131]

除了对水源的控制，气候变化的其他影响也是需要适应的。随着人们涌向科威特城、多哈、阿布扎比和迪拜等沿海城市，这些地方更需要设置防护，防止因海平面上升导致洪水。应对自然灾害和难民的官方体系将需要更紧密的合作，帮助这一地区使用石油以外的、不会加剧气候变化的资源适应气候变化的影响，这将是保持政治安全、防止进一步难民危机冲突的关键。

中东长期处于冲突和暴乱之中，未来几十年冲突仍会在此发生。由于该地区大部分的经济依赖于石油，它将不得不为全球减少化石燃料和应对气候变化做出努力。我们只有两个选择：可以让一切顺其自然，允许政治冲突增加，依赖石油的政府对于中东难民不采取任何帮助，把难民危机推升到一个新高度；也可以与该地区合作应对气候变化，保护人们免受灾难性的伤害。

参考资料

John Wendle, "The Ominous Story of Stria's Climate Refugees," *Scentific American*, December 17, 2015, https://www.scientificamerican.com/article/ominous-story-of-syria-climate-refugees/.

[1] John Withnall, "Aylan Kurdi's Story: How a Small Strian Child Came to Be Washed up on a Beach in Turkey," *The Independent,* September 3, 2015, http://www.independent.co.uk/news/world/europe/aylan-kurdi-s-story-how-a-small-syrian-child-came-to-be-washed-up-on-a-beach-in-turkey-10484588.html.

[2] Jonathan Clayton and Hereward Holland, "Over One Million Sea Arrivals Reach Europe in 2015," UNHCR, December 30, 2015, http://www.unhcr.org/en-us/news/latest/2015/12/5683d0b56/million-sea-arrivals-reach-europe-2015.html.

[3] Mosin Ali and Yarno Ritzen, "Syrian Refugee Crisis in Numbers," Al Jazeera America, December 9, 2015, http://www.aljazeera.com/indepth/interactive/2015/12/151209100759278.html.

[4] Patrick Kingsley, "Arab Spring Prompts Biggest Migrant Wave Since Second World War," *Guardian*, January 3, 2015. http://www.theguardian.com/world/commentisfree/2015/jan/03/arab-spring-migrant-wave-instability-war.

[5] "How Could A Drought Spark A Civil War?" September 8, 2013, NPR, http://www.npr.org/2013/09/08/220438728/how-could-a-drought-spark-a-civil-war.

[6] William R. Polk, "Your Labor Day Syria Reader, Part 2," *Atlantic*, September 2, 2013, http://www.theatlantic.com/international/archive/2013/09/your-labor-day-syria-reader-part-2-william-polk/279255/.

[7] Data and quotes from Colin P. Kelley et al., "Climate Change in the Fertile Crescent and Implications of the Recent Syrian Drought," *Proceedings of the National Academy of Sciences* 112, no. 11 (2015), http://www.pnas.org/content/112/11/3241.full.pdf.

[8] "Water Security," Sustainability.org, September 12, 2013, http://www.sustainability.org.il/home/news-updates/Water-Security-Drought-Called-a-Factor-in-Syrias-Uprising-0913.

[9] Clarissa Ward, "How Teens Started Syria's Uprising 1 ear Ago," CBS News, March 16, 2012, http://www.cbsnews.com/news/ how-teens-started-syrias-uprising-1-year-ago/.

[10] Audrey Kurth Cronin, "ISIS Is Not a Terrorist Group," *Foreign Affairs* (March/April 2015), https://www.foreignaffairs.com/articles/middle-east/isis-not-terrorist-group.

[11] Kelley et al., "Climate Change in the Fertile Crescent."

[12] Tom Bawden, "Refugee Crisis: Is Climate Change Affecting Mass Migration?" *Independent*, September 7, 2015, http://www.independent.co.uk/news/world/refugee-crisis-is-climate-change-affecting-mass-migration-10490434.html.

[13] "Syrian Arab Republic: Humanitarian Snapshot," Office for the Coordination of

Humanitarian Affairs, November 30, 2015, http://reliefweb.int/report/syrian-arab-republic/syrian-arab-republic-humanitarian-snapshot-30-november-2015-enar.

[14]   "A World at War: Worldwide Displacement Hits All-Time High as War and Persecution Increase," UNHCR, June 18, 2015, http://www.unhcr.org/en-us/news/latest/2015/6/558193896/worldwide-displacement-hits-all-time-high-war-persecution-increase.html.

[15]   "World at War: UNHCR Global Trends, Forced Displacement 2014," UNHCR, June 18, 2015, http://www.unhcr.org/en-us/statistics/country/556725e69/unhcr-global-trends-2014.html; Stephanie Nebehay, "World's Refugees and Displaced Exceed Record 60 Million: U.N.," Reuters, December 18, 2015.

[16]   Boris Kelly, "Egypt Rises," *Overland,* February 14, 2011, https://overland.org.au/2011/02/egypt-rises/.

[17]   Austin Ramzy, "China Suffering Worst Drought since 1951," *Time*, February 6, 2009, http://content.time.com/time/world/article/0,8599,1877552,00.html.

[18]   "The Arab Spring and Climate Change: A Climate and Security Correlations Series," Center for American Progress, ed. Caitlin E. Werrell and Francesco Femia, February 2013.

[19]   Fatima Bishtawi, "What Ignited the Arab Spring?" *Yale News,* August 5, 2015, http://archive.epi.yale.edu/the-metric/what-ignited-arab-spring.

[20]   Ibid.

[21]   Matthew Carr, "How Libya Kept Migrants out of EU—At Any Cost," *The Week*, August 5, 2011.

[22]   Lizzie Davies, Arthur Nelson, "Italy: End of Ongoing Sea Rescue Mission 'puts thousands at risk,'" *Guardian*, October 31, 2014.

[23]   Melissa Fleming, "Crossings of Mediterranean Sea Exceed 300000, Including 200000 to Greece," UNHCR, August 28, 2015.

[24]   Tom Miles, "Europe Gets One Million Migrants in 2015, Smugglers Seen Making $1 Billion," Reuters, December 22, 2015.

[25]   "Mediterranean Sea Data of Missing Migrants," International Organization for

Migration, http://missingmigrants.iom.int/mediterranean.

[26] Alessandra Bonomolo, "UN Says 800 Migrants Dead in Boat Disaster as Italy Launches Rescue of Two More Vessels," *Guardian*, April 20, 2015.

[27] UNHCR, "Mediterranean Crisis 2015 at six months: refugee and migrant numbers highest on record," July 1, 2015, http://www.unhcr.org/uk/news/ press/2015/7/5592b9b36/mediterranean-crisis-2015-six-months-refugee-migrant-numbers-highest-record.html.

[28] "The Sea Route to Europe: The Mediterranean Passage in the Age of Refugees," UNHCR, July 1, 2015.

[29] Ibid.

[30] "UN and Partners Seek US$8.4 Billion for New Syria Programme in 2015," UNHCR, December 18, 2014.

[31] "Donors Pledge $3.8 Billion in Aid to People Affected by Syria Crisis at UN-Backed Conference," UN News Centre, March 31, 2015.

[32] "UN and Partners Seek US$8.4 Billion."

[33] Tania Karas, "Not Syrian, Not Turkish: Refugees Fleeing War Lack Documentation," Al Jazeera America, September 24, 2015.

[34] Max Fischer and Amanda Taub, "The Refugee Crisis: 9 Questions You Were Too Embarrassed to Ask," Vox, September 9, 2015.

[35] "3RP Regional Refugee & Resilience Plan, 2016 – 2017, Regional Strategic Overview," http://www.3rpsyriacrisis.org.

[36] Christopher Jones-Cruise, "Refugee Camp in Jordan Is Biggest in Middle East," VOA News, August 9, 2015.

[37] "Inside the Largest Syrian Refugee Camp—Zaatari Camp Three Years On," *Telegraph*, August 7, 2015. http://www.telegraph.co.uk/news/worldnews/middle east/jordan/11782854/Inside-the-largest-Syrian-refugee-camp-Zaatari-camp-three-years-on.html.

[38] Jones-Cruise, "Refugee Camp in Jordan."

[39] Ibid.

[40] "World at War: UNHCR Global Trends, Forced Displacement 2014," UNHCR, June 2015, http://www.unhcr.org/en-us/statistics/country/556725e69/unhcr-global-trends-2014.html.

[41] Michael Martinez, "Syrian Refugees: Which Countries Welcome Them, Which Ones Don't," CNN.com, September 10, 2015; "Syria: Conflict without Borders: Number and Locations of Refugees and IDPs," UNHCR, https://hiu.state.gov/Products/Syria_ConflictWithoutBorders_Displacement_2015Aug27_HIU_U1283.pdf.

[42] "Syria: Conflict without Borders."

[43] "World at War: UNHCR Global Trends."

[44] Geoff Dyer, "US Urges Turkey to Seal Border with Syria," *Financial Times*, December 1, 2015, https://www.ft.com/content/94001904–9851–11e5–9228–87e603d47bdc.

[45] "Not-So-Open Borders for Syrian Refugees?" IRIN News, December 24, 2012.

[46] "World at War: UNHCR Global Trends."

[47] "UNHCR Launches 'Voices for Refugees' Aimed at Mobilising Support for Displaced Civilians and Refugees," *Ammon,* June 29, 2015, http://en.ammonnews.net/article.aspx?articleno=29346#.WImCjLYrKRs.

[48] Ibid.

[49] "Hot and Getting Hotter: Heat Islands Cooking U.S. Cities," Climate Central, August 20, 2014, http://www.climatecentral.org/news/urban-heat-islands-threaten-us-health-17919.

[50] Nick Wiltgen, "Feels-Like Temp Reaches 164 Degrees in Iran, 159 in Iraq; Days Off Ordered as Mideast Broils in Extreme Heat Wave," Weather.com, August 5, 2015.

[51] Freya Palmer, "Extreme Weather Events of 2015: Is Climate Change to Blame?" Climate Home, August 21, 2015, http://www.climatechangenews.com/2015/08/21/extreme-weather-events-of-2015-is-climate-change-to-blame/.

[52] "2015 UNHCR Country Operations Profile—Iraq," UNHCR, http://www.unhcr.

org/pages/49e486426.html.

[53]　Kareem Shaheen and Saeed Kamali Dehghan, "Middle East Swelters in Heat-wave as Temperatures Top 50 ℃ ," *Guardian*, August 4, 2015.

[54]　"Iraq Cabinet Backs PM Abbadi's Sweeping Reforms," Al Jazeera, August 9, 2015.

[55]　Anne Barnard, "120 Degrees and No Relief? ISIS Takes Back Seat for Iraqis," *New York Times*, August 1, 2015, https://www.nytimes.com/2015/08/02/world/middleeast/iraqis-protest-electricity-shortage-during-heat-wave.html?_r=0.

[56]　"Pakistan Heatwave Death Toll Climbs Past 1200," Al Jazeera, June 27, 2015; Saba Imtiaz and Zia ur-Rehmanjune, "Death Toll from Heat Wave in Karachi, Pakistan, Hits 1000" *New York Times*, June 25, 2015.

[57]　Jeremy S. Pal and Elfatih A. B. Eltahir, "Future Temperature in Southwest Asia Projected to Exceed a Threshold for Human Adaptability," http://eltahir.mit.edu/wp-content/uploads/2015/08/Paper.pdf.

[58]　"Iraqis Protest over Baghdad Heatwave Power Cuts," BBC News, August 1, 2015.

[59]　Maria Sarraf, "Two Scenarios for a Hotter and Drier Arab World—and What We Can Do about It," World Bank, November 24, 2014, http://blogs.worldbank.org/arabvoices/two-scenarios-hotter-and-drier-arab-world-and-what-we-can-do-about-it.

[60]　*Climate Change 2007: Working Group II: Impacts, Adaptation and Vulnerability; Floods, and Droughts*, IPCC Fourth Assessment Report: Climate Change 2007.

[61]　World Bank, "Natural Disasters in the Middle East and North Africa: A Regional Overview," January 2014, http://documents.worldbank.org/curated/en/211811468106752534/pdf/816580WP0REPLA0140same0box00PUBLIC0.pdf.

[62]　"Intelligence Community Assessment on Global Water Security," US National Intelligence Council, http://www.state.gov/e/oes/water/ica.

[63]　World Bank, "Natural Disasters in the Middle East and North Africa."

[64]　John James, "Export Oil, Import Water: The Middle East's Risky Economics," IRIN News, March 5, 2013.

[65] Foad Al Hazari, "Future Impact of Climate Change Visible Now in Yemen," World Bank, November 24, 2014.

[66] James, "Export Oil, Import Water."

[67] Walaa Hussein, "How Is Uses Water as Weapon of War," AL Monitor, http://www.al-monitor.com/pulse/originals/2015/05/arab-world-water-conflict-isis-control-war.html.

[68] Danya Chudakoff, " 'Water War' Threatens Syria Lifeline," Al Jazeera, July 7, 2014.

[69] World Bank, "Natural Disasters in the Middle East and North Africa."

[70] Nita Bhalla, "World Has Not Woken Up to Water Crisis Caused by Climate Change," *Scientific American,* https://www.scientificamerican.com/article/world-has-not-woken-up-to-water-crisis-caused-by-climate-change/.

[71] "World Water Day 2013—Year of International Cooperation," UN Water, http://www.unwater.org/water-cooperation-2013/water-cooperation/facts-and-figures/en/.

[72] Erik R. Peterson, "Addressing Our Global Water Future," Center for Strategic and International Studies (CSIS) Sandia National Laboratories, September 30, 2005, p. 21, https://csis-prod.s3.amazonaws.com/s3fs-public/legacy_files/files/media/csis/pubs/csis-snl_ogwf_sept_28_2005.pdf.

[73] Keith Proctor, Refugee Crisis Draining Jordan's Water Resources," Atlantic Council, March 21, 2014, http://www.atlanticcouncil.org/blogs/menasource/refugee-crisis-draining-jordan-s-water-resources.

[74] Joyce Starr, "Water Wars" *Foreign Policy* 82 (Spring), 17–36, available at http://dlc.dlib.indiana.edu/dlc/bitstream/handle/10535/3267/Reproduced.pdf?sequence=1.

[75] Rafael Reuveny, "Climate change-induced migration and violent conflict," *Political Geography* 26 (2007) 656–673, available at http://n.ereserve.fiu.edu/010030490–1.pdf.

[76] Peter H. Gleick and Matthew Heberger, "Water Conflict Chronology," Pacific Institute, December 10, 2009, available at http://worldwater.org/wp-content/uploads/2013/07/ww8-red-water-conflict-chronology-2014.pdf.

[77] Shane Harris, "Water Wars," *Foreign Policy,* September 18, 2014, http://foreignpolicy.com/2014/09/18/water-wars/.

[78] World Bank, "Natural Disasters in the Middle East and North Africa."

[79] Ibid.

[80] "Global Estimates 2015: People Displaced by Disasters," Internal Displacement Monitoring Centre and Norwegian Refugee Council, July 2015.

[81] Ibid.

[82] "Yemen: Over 10000 Displaced by Floods," UNHCR, October 27, 2008.

[83] "Yemen Flash Floods Destroy Camps for Displaced People," *Guardian*, August 29, 2013.

[84] "Yemen: Over 10000 Displaced by Floods."

[85] While Pakistan is technically an Asian country, it aligns more closely with the Middle East both in culture and in climate/environment, so discussion of such is included in this chapter.

[86] Asian Development Bank, *Addressing Climate Change and Migration in Asia and the Pacific*, 1st ed. (Mandaluyong City, Philippines: Asian Development Bank, 2012), p. 5, box 3, available at http://www2.warwick.ac.uk/fac/soc/pais/research/researchcentres/csgr/green/foresight/demography/2012_adb_addressing_climate_change_and_migration_in_asia_pacific.pdf.

[87] Hasan Mansoor, "Pakistan Evacuates Thousands in Flooded South," Agence France-Presse, August 22, 2010.

[88] Ibid.

[89] "UN Chief: Pakistan Needs More Aid," Al Jazeera, August 15, 2010, http://www.aljazeera.com/news/asia/2010/08/201081552627441712.html.

[90] Office for the Coordination of Humanitarian Affairs, "Pakistan Media Factsheet," 2011, http://bit.ly/151MVsY.

[91] "Pakistan: Floods—Sep 2014," Relief Web, http://reliefweb.int/disaster/fl-2014-000122-pak.

[92] Ibid.

[93] " 'Strong Evidence' Climate Change Caused Devastating Pakistan Floods,"
      Scotsman, October 13, 2010, http://www.scotsman.com/news/strong-evidence-
      climate-change-caused-devastating-pakistan-floods-1-824487.

[94] M. L. Parry, O. F. Canziani, J. P. Palutikof, P. J. van der Linden, and C. E. Hanson,
      eds., *Climate Change 2007: Impacts, Adaptation, and Vulnerability* (Cambridge,
      UK: Cambridge University Press, 2007).

[95] Asian Development Bank, *Addressing Climate Change and Migration* (Mandaluy-
      ong City, Philippines: Asian Development Bank, 2012).

[96] "News: Pakistan's Punjab Builds Model Villages to Withstand Disasters,"
      Climate and Development Knowledge Center, December 17, 2013.

[97] World Bank, "Natural Disasters in the Middle East."

[98] "News: Pakistan's Punjab."

[99] UN-HABITAT, "The State of Arab Cities 2012: Challenges of Urban Transition,
      2012," downloadable at http://unhabitat.org/books/the-state-of-arab-cities-2012-
      challenges-of-urban-transition/.

[100] Ibid.

[101] "Natural Disasters in the Middle East."

[102] Yamiche Alcindor, "Unprecedented Back-to-Back Cyclones Hit Arabian
       Sea," *USA Today*, November 7, 2015.

[103] "Deadly Cyclone Triggers Heavy Flooding in Yemen," Al Jazeera, November
       3, 2015.

[104] Angela Fritz, "Historic Cyclone Chapala Ravages Coastal Yemen with Cata-
       strophic Flash Flooding," *Washington Post*, November 3, 2015.

[105] "Tropical Cyclone Megh—Nov 2015," Relief Web, http://reliefweb.int/disaster/
       tc-2015–000152-yem.

[106] Kelly Montgomery, "Helping Displaced Families after Cyclone Chapala Flood-
       ing," Mercy Corps, November 5, 2015.

[107] Bob Henson, "Chapala Slams Yemen: First Hurricane-Strength Cyclone on Re-
       cord," Wunderground, November 3, 2015.

[108] James Renwick, "IPCC Special: Future Climate Phenomena and Regional Climate Change," Climatica, January 7, 2014.

[109] "World at War: UNHCR Global Trends."

[110] Ibid.

[111] Khalid Aziz, "Pak-Afghan Relations: Hanging by a Thread," *Dawn*, September 12, 2015.

[112] Lonnie Shekhtman, "How to Help the Countries Most Vulnerable to Climate Change. (Energy/Environment)," Christian Science Monitor, April 5, 2016, http://www.csmonitor.com/Environment/2016/0405/How-to-help-the-countries-most-vulnerable-to-climate-change.

[113] Notre Dame Global Adaptation Index, http://index.gain.org/ranking.

[114] "Global Estimates 2015: People Displaced by Disasters."

[115] Ibid.

[116] Ibid.

[117] Government of the Islamic Republic of Afghanistan, Ministry of Refugees and Repatriation, "National Policy on Internally Displaced Persons," November 25, 2013, http://morr.gov.af/Content/files/National%20IDP%20Policy%20-%20 FINAL%20-%20English(1).pdf, 14.

[118] Alexandra Barton, "Water in Crisis—Middle East," The Water Project, https://thewaterproject.org/water-in-crisis-middle-east.

[119] John Vidal, "What Does the Arab World Do When Its Water Runs Out?" *Guardian*, February 19, 2011, https://www.theguardian.com/environment/2011/feb/20/arab-nations-water-running-out.

[120] James, "Export Oil, Import Water."

[121] Vidal, "What Does the Arab World Do?"

[122] Julia Devlin, "Is Water Scarcity Dampening Growth Prospects in the Middle East and North Africa?" Brookings Institution, June 24, 2014, https://www.brookings.edu/opinions/is-water-scarcity-dampening-growth-prospects-in-the-middle-east-and-north-africa/.

[123]   "Climate Change Adaptation to Protect Human Health: Jordan Project Profile," World Health Organization, http://www.who.int/globalchange/projects/ adaptation/en/index5.html.

[124]   John Vidal, "Middle East Faces Water Shortages for the Next 25 Years, Study Says," *Guardian*, August 27, 2015, https://www.theguardian.com/ environment/2015/aug/27/middle-east-faces-water-shortages-for-the-next-25- years-study-says.

[125]   Jennifer Hattam, "Adapting to Climate Change in the Arid Middle East," Tree- hugger, November 15, 2009, http://www.treehugger.com/corporate-responsibility/ adapting-to-climate-change-in-the-arid-middle-east.html.

[126]   "Adaptation to Climate Change in the Middle East and North Africa Region," World Bank, http://web.worldbank.org/archive/website01418/WEB/0_ C-152.htm.

[127]   Vidal, "What Does the Arab World Do?"

[128]   Commission of the European Communities, 2007, "Addressing the Challenge of Water Scarcity and Droughts in the European Union," http://ec.europa.eu/ environment/water/quantity/pdf/comm_droughts/impact_assessment.pdf.

[129]   Devlin, "Is Water Scarcity Dampening Growth Prospects?"

[130]   Zaria Gorvett, "Mediterranean States Must Work Together to Adapt to Water Scarcity—Prof. Ralf Ludwig," *Horizon*, April 27, 2015.

[131]   Vidal, "What Does the Arab World Do?"

第八章

亚洲：一触即发的危机

面对这种国际气候僵局，我们不能坐视不理。现在是采取行动的时候了。我们需要一个紧急的解决途径。我不仅代表自己发言，我要为在风暴中丧生、已经无法自己说话的无数人发言；要为因这场悲剧而成为孤儿的人发言；还要为正在与时间赛跑，拯救幸存者、减轻灾难的人发言。

——联合国气候变化大会2013年华沙会议菲律宾代表团团长萨诺（Sano）

一条载满难民的破旧的小船被迫驶入一个又一个国家的港口，几个月后，寻找避风港的船员放弃了，也放弃了一船的乘客，让他们在安达曼海上漂泊，没有食物，也没有水，只有渺茫的救援希望。与此同时，孟加拉国首都迎来了成千上万来自农村的新移民，因为他们的故乡正在慢慢被上升的海平面所取代。在其他地方，亚洲拥挤的城市中心和不断扩张的贫民窟离海洋越来越近，一场洪水就能摧毁一座又一座村镇。在亚洲，同时发生了多起难民危机，但是这些危机很容易被媒体遗忘。

很难想象，拥有广袤面积的亚洲，却会因为气候变化遭受各种严重的影响。亚洲是世界上人口最多的大陆，很不幸，也是受海平面上升等气候变化影响人口最多的大陆（表8.1）。

表 8.1　海平面上升影响人口最多的几个国家

国家	影响人口 / 百万人
中国	85
越南	32
印度	28
印度尼西亚	23
孟加拉国	22
日本	21
美国	17
埃及	12
巴西	11
荷兰	10

　　气候中心（Climate Central）是一家非营利新闻机构，它报道气候科学，并分析不同情况下海平面上升的数据，发现海平面的上升速度取决于阻止化石燃料排放的速度能有多快。值得警惕的是，所有亚洲国家在数据列表中都占据了最重要的位置。受海平面上升影响最严重的 6 个国家是中国、越南、印度、印度尼西亚、孟加拉国和日本。这些国家拥有许多沿海低洼地区，这些地区超过 2 亿人的生活将会受到影响。[1]

　　就像太平洋岛屿被淹没一样，气候变化与亚洲的流离失所之间的联系不可否认。海平面上升势不可当，唯一的问题是我们能把速率降到多低，又有哪些国家可以适应。

　　通过建造海堤和屏障、向城市迁移来适应海平面上升无疑耗资巨大。在孟加拉国和越南这样的低水平发展中国家，尤其难以抵御海平面上升，遭受的损失占 GDP 的比例预计会比其他亚洲国家更大。但是，对于每一名亚洲居民来说，为保护海岸免受海平面上升影响而采取措施的短期损失，远小于长期的经济损失。[2]

不仅海平面上升使亚洲最容易受到全球变暖的影响，热带气旋、干旱、强降雨和冰雹，甚至还有更多现象都在起作用。在圣母大学全球适应指数（Notre Dame Global Adaption Index）根据各国对气候变化的抵抗力和适应力由低到高的排名中，许多亚洲国家最为靠前。[3]

的确，海平面上升的影响是长期的、多面的。地势低洼的海岸将逐渐被淹没，河流三角洲将会遭遇洪水，滨海湿地将会被破坏，农业地区将无法生长作物。城市的洪水将破坏基础设施；低地的庄稼会被洪水破坏。海滩已经在慢慢支离破碎。沿海地区将会面临许多问题，有些已经出现了，如缅甸和孟加拉国，令人担忧。面对海上的危险，印度洋边上的孟加拉湾沿岸，居民已经被迫放弃他们的家园。

孟加拉湾随波逐流的移民

2015 年的春天和夏天，载着数千名缅甸难民的船只漂流到孟加拉湾的中部，无处可去。他们正在逃离家乡的种族迫害，后来又被从印度尼西亚和马来西亚赶走。在此期间，泰国不允许任何缅甸难民入境。他们是穆斯林，离开了自己被视为公民的国家，他们向途经的泰国官员哭喊，他们需要食物和水。一艘船被船长和船员抛弃之后的几个月中，10 名乘客在漂流中死亡。

就像叙利亚那个被冲上海岸的男孩照片一样，因为气候变化，亚洲也有自己的海报小孩——其中成百上千人被困在船上，他们被从家乡驱逐到危险的海洋里，经常被媒体称为"船民"。通常，成百上千难民的船只在海上航行数月，也无法找到港口。许多人被船员抛弃，没有食物和水，更多的已经在海上倾覆。[4]这是一个极其危险的旅程，但那些被迫离开缅甸和孟加拉国的难民却无处可去。

许多逃离的人是因为他们的宗教信仰而受到迫害——特别是居住在缅甸和孟加拉国的穆斯林少数民族罗兴亚人（Rohingya）。他们没有国籍，自从 1982 年缅甸政府颁布了缅甸国籍法，他们的公民身份就遭到了否认。最近几年，政府开始了对他们的镇压和迫害，如果他们不自称孟加拉人的话，就把他们关进难民营或者监狱。在孟加拉国的边境，他们面临着更多的迫害，因为他们通常会被认为是非法移民，[5] 或者政府让他们在难民营里待了很多年，并不打算让他们回家。[6]

他们被驱逐出马来西亚、印度尼西亚和泰国，并在海上漂浮，仅有最少量的水和食物。马来西亚和印度尼西亚宣布他们将禁止难民船只进入。泰国已经阻止了几艘难民船只进入港口，难民必须靠偷渡进来，而且有被逮捕的危险。在泰国打击人贩子之后，船员们放弃了在大海中避难的难民。联合国难民事务高级专员办公室的高级保护官员杰弗里·萨维奇（Jeffrey Savage）在接受《纽约时报》采访时表示，"这是一场潜在的人道主义灾难"。[7] 人权观察组织称这是一场危险而致命的"人类乒乓球"游戏。[8]

然而，这样一场致命的游戏，以及随后公众的抗议，并没有使保护海上难民工作取得任何进展。2015 年年初，在联合国的要求下，包括印度尼西亚、泰国和马来西亚在内的东南亚国家聚集在一起，共同讨论这场危机。这 3 个国家已经拒绝了大约 8000 名难民在他们的国土登陆。这些满载移民的船只，没有食物和水，就变成了国家秘书长法尔汉·哈克（Farhan Haq）口中的"漂浮的棺材"。[9] 印度尼西亚和马来西亚政府同意允许部分移民上岸，联合国称其为"重要的开端"，[10] 但是临时的"创可贴"并不能治愈长期的"疾病"。

还有一个难题，大多数罗兴亚人居住在孟加拉湾快速退化的海岸边，海平面上升是每天都要面对的现实。许多难民就是他们家园的毁灭者。

如果移民没有进行非法、致命的海上旅行，他们就会向内陆移动。正如叙利亚和非洲那样，农民无法在退化的沿海平原谋生，被迫迁往城市中心。然而，城市拥挤不堪，所以移民被迫进入贫民窟。因此，孟加拉国首都达卡正在面临人口大爆炸问题，基础设施也难以为继。[11] 一个叫科瑞尔（Korail）的贫民窟，是 7 万人的家，这里的家庭都住在简陋棚屋里，生活非常糟糕。城里大部分地区都没有污水处理系统，这比住在有臭味的棚屋里更令人不安。雨季到来时，雨水溢满了下水系统，导致疾病肆虐，疟疾和霍乱同时爆发。

这不是一般的艰难，对于刚刚住到达卡贫民窟的气候难民来说，生活并不总是这样困难。达卡，包括周边地区，是世界上发展最快的特大城市之一。[12] 据估计有 350 万人生活在贫民窟，占达卡人口的 40%。根据国际移民组织的统计，70% 的贫民窟居民在经历了农村艰苦的生活后，搬到了贫民窟。[13]

长期以来，孟加拉国农村居民暂时搬到贫民窟达卡来挣钱，是很常见的，但是随着全球变暖的影响，这些居民搬回去的难度越来越大。沿海地区洪水毁坏了稻田和农作物，盐水破坏了水源供给，暴风雨摧毁了房屋和社区。气候变化迫使人们搬到了达卡并住了下来。[14]

城市里的拥挤生活是危险的。对于有幸找到工作的人来说，工作条件也非常恶劣。血汗工厂普遍存在，为汤米·希尔费格（Tommy Hilfiger）和盖璞（Gap）等品牌制造服装的产业遍地开花。2013 年 4 月，拉纳广场（Rana Plaza）的萨娃（Savar）大楼倒塌，造成 1134 人死亡、数千人受伤，[15] 这是服装行业有史以来最严重的行业事故，引起了全世界公众的抗议，使服装行业首次遭受政治指控，在过去，小事故根本不会受到任何控诉。但这次，建筑业主和政府官员受到了谋杀指控。[16] 然而，多年以来，孟加拉国的制衣工厂的工作条件并没有好到哪里去。[17] 即使在安全的环境下工作，工人们每天的工资也往往低于 2 美元，他们从相当于每月 37 美元的最低工资干起。[18] 很难找到干净的水，因为没有水龙头，贫民窟居民不得不以 50 倍的价格从中间商那里买水。他们住在最容易被洪水侵袭的地区，房子是用竹条做成的，在风暴或旋风天气里，他们是最危险的。

由于无法在印度尼西亚和马来西亚找到避难所，罗兴亚人和其他一些人前往澳大利亚，去往澳大利亚的旅途既昂贵又危险。2008 年，澳大利亚放宽了对难民的限制后，踏上旅途的人数及途中死亡人数成倍增加。在接下来的 5 年里，大约有 900 人在海上遇难 [19]，许多人失踪，澳大利亚人敦促政府扩大搜救行动。[20] 但澳大利亚对寻求庇护者的政策特别苛刻。2015 年 7 月，工党领袖比尔·萧藤（Bill Shorten）宣布将遣返难民船只。[21] 在此之前，工党多年来对难民的态度非常恶劣：1992 年，工党总理保罗·基廷（Paul Keating）希望对非法移民进行强制拘留。[22] 对船民来说，他们最后一个可能的避难所已经成为梦幻泡影。

海平面上升的作用

1/4 的缅甸边界由海岸线组成，[23] 这个国家与孟加拉湾接壤，孟加拉湾从印度洋向北延伸。邻近海湾和海洋的国家包括印度、孟加拉国、泰国、马来西亚和印度尼西亚，这些国家数以百万计的人将受到海岸洪水的影响，海平面上升也会造成土地的损失。在沿海任何地方生活的 1300 万 ~ 9400 万人，都将经历洪水的侵袭。保守估计，海平面每上升 1 米，410 万人将处于危险之中。仅在孟加拉国的恒河—雅鲁藏布江—梅克纳（Ganges-Brahmaputra-Meghna）三角洲，预计到 2050 年海平面刚好上升 1 米之前，会有 100 多万人直接受到海平面上升的影响。[24] 在最坏的情况下，孟加拉国将失去 1/4 的国土，2100 年将有 1300 万人流离失所。[25]

在孟加拉国、印度、缅甸、泰国、柬埔寨和越南，巨大的河流三角洲和周边地区正面临着退化的危险。因为海平面上升和风暴袭击海滩，河水泛滥和极端降水的发生，三角洲正在缓慢地退化。气旋也会造成严重的伤害。三角洲地区包含上游水源带来的沉积物，通常富含营养物质，因此是重要的农业资源。但是风暴潮和海岸洪水带来的盐水会使土地变得贫瘠。

据联合国的南森倡议显示，孟加拉国 2/3 的地区"基本上是一条广阔的河流平原"。该地区距离目前海平面不到 5 米，预计随着海平面上升，将会频繁发生洪灾。[26]2.5 亿名贫困的农村居民生活在周围地势低洼的平原上，他们的生计主要依赖于肥沃多产的土壤。[27]

有两条大河穿越孟加拉国：印度境内的恒河（Padma）及发源于中国西藏的雅鲁藏布江。这是世界上最大的三角洲，由小河流组成的巨大网络滋养，这些小河流被称为"恒河百口"。每年季风季节，这个地区就会退化，河流泛滥，整个河岸坍塌，田地和房屋被冲走。河流的侵蚀会让坐落在低洼平原上的村落消失，村民流离失所。众所周知，洪水会开辟新的河道，或者加深旧的河道。"老恒河"（Buriganga）是一条曾经与恒河相连接的河流，但如今却远在 40 英里之外。[28] 历史上，侵蚀平原的过程也伴随着重建，河岸变成了河流，而淤泥在别处形成一座新的岛，但每年发生"重建"的过程的范围较小。该地区由于水位上升而无法及时应对水土流失，当地的水力发电大坝又使泥沙淤积在河流的下游。研究人员的共识是，罪魁祸首是宽阔的水流，而非水电大坝。[29]

联合国政府间气候变化专门委员会在第四次关于气候变化的评估中有强烈的共识，委员会指出，海平面上升将加速三角洲的退化。[30]2050 年，将有大片土地消失，尤其是亚洲的河流三角洲。在孟加拉国，恒河—雅鲁藏布江—梅克纳三角洲超过 300 万人可能会流离失所。在越南，2050 年，湄公河三角洲生活的 1800 万人中，多达 700 万人可能被迫离开。[31]在泰国，湄南河附近的三角洲已经下沉到海平面以下 1.5 米，这可能是世界上受地面损失影响最严重的三角洲。[32]

气候引发的流离失所，亚洲最为严重

多年来，很多报告预测，"由于气候变化的影响，流离失所的人数将会增加"。[33]考虑不同的变量和预测，人们得出的结论可能会稍有不同，但似乎都达成了一个共识：在所有的大陆中，亚洲将会有更多的人因气候变化而流离失所。

过去几年中，亚洲因自然灾害而产生的流离失所人口比其他任何大陆都多。亚洲人口占全球人口的 60%，但 2008—2013 年，全球 80% 的流离失所人口来自亚洲，2013 年，这一数字跃升至 87%。[34]灾害集中在亚洲，而且只会变得更加严重。挪威难民理事会秘书长扬·埃格兰（Jan Egeland）表示："由于越来越多的人在危险地区生活和工作，这种增长趋势将会一直持续。未来，气候变化的影响将使其更加恶化。"[35]

通常有充分的理由认为，海平面上升，亚洲面临着最大的风险。例如，如果中国无法适应海平面上升，估计就会有 50 万人将被迫离开家园。不过好消息是，适应是可能的，而且这对于中国经济也是可行的。如果一些适应的措施可以实施，那么将阻止大部分被迫逃离的弱势群体的迁移。[36]适应海平面上升有很多方式，包括建造堤坝防止沉没、重建海滩防止侵蚀。港口城市必须升级，基础设施和建筑也需要提升（图 8.1）。

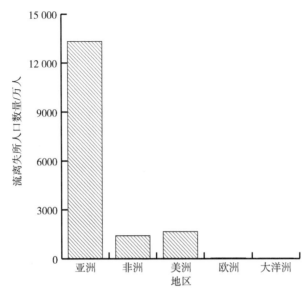

图 8.1　各大洲由灾害导致的流离失所（2008—2013 年）

数据来源：国内流离失所监测中心。

适应措施也有它的经济意义，可以大大减少海平面上升和气旋带来的经济损失。这些地区需要将它们得到的每一分钱用以适应和防止最恶劣的气候变化，并获得成倍的回报。[37] 通过完善基础设施进行适应是一个好办法，能保护那些在气候变化中迁移的居民。在进一步谈论气候变化的适应之前，我们有必要看看亚洲即将面临的多重风险。

东亚：面临危险的沿海城市和岛屿

在东亚，巨大的沿海城市是很常见的。它以高耸的摩天大楼和拥挤的街道闻名于世。当城市的空间不足时，仅仅通过扩建现有的建筑就可以满足需要，东亚充满了拥挤的大都市。这些大都市中的大多数都非常容易受到海平面上升的影响——新加坡和香港就是很好的例子。[38] 拥挤的人群和经济价值的叠加，使得海平面上升时，这些地区的人们将面临更大的损失。在东亚，有 23 个人口超过 100 万人的沿海城市，中国 14 个、日本 6 个、韩国 3 个。

在这些城市，有 1200 万人和 8640 亿美元的经济资产面临海平面上升的风险。[39]

在日本，居民们 2015 年 9 月遭遇了严重的洪水，当时约索（Joso）市遭受了前所未有的大雨，至少有 10 万人流离失所。在风暴潮冲破河堤和防洪屏障后，一堵像海啸一样的水墙席卷了整个城镇，从地基上摧毁了房屋。[40]大雨还导致该地区发生了 60 多起滑坡事故。[41]

随着全球变暖，日本及东亚和南亚其他的沿海地区，通常会遭遇更严重的洪水。[42]洪水造成的损失预计会大大增加。日本平均花费 2.4 亿美元用来修复沿海与台风有关的洪水和大风的破坏。[43]大约有 130 万名日本人将面临沿海洪灾的危险。[44]

温暖的空气中含有更多的水分，在日本，一大团静止潮湿的空气引发了破纪录的降雨，导致数千人被疏散。在短短几天内，该地区的降雨量（20 英寸）比 9 月一整月降雨量的 2 倍还要多。[45]降雨天数减少了 15 天，但降雨总量增大了，这意味着伴随经常性的暴雨，更多干旱正在发生。[46]

虽然大多数亚洲国家不像许多太平洋岛屿那样，面临着同样的生存威胁，但海平面上升将会缓慢地——或者，据估计，不那么缓慢地——侵蚀海岸线，使海岸线退化，摧毁它们并吞噬土地。每一寸海平面的上升都会侵蚀很多土地。在亚洲的一些地区，海平面上升 30 厘米将侵蚀 45 米的沿海土地。在亚洲的北部——中国北方、日本和韩国海岸预计每年会缩减大约 6 米。[47]海平面上升侵蚀海岸线是显而易见的，而且非常具有破坏性。

海平面上升和农业

水稻始终贯穿于亚洲文化中。几千年来，人们种植、购买水稻，并且将它神话化。它激发了数代人的艺术灵感，甚至在亚洲最古老的经文中也有所提及。如同一个中国故事所描述的那样，几次大洪水破坏了土地，摧毁了植物，留下的食物也很少，洪水退去后，一条狗的尾巴上掉下了水稻的种子，将其播种，土地的食物得到了恢复。因此，有一句中国谚语说"贵五谷而贱金玉"。

由于亚洲理想的生长环境，水稻在亚洲非常多见，河流三角洲和季风灌溉的稻田中都可以种植。大多数水稻需要在稻田里种植，这些土地大部分都要在两英尺深的水中浸泡至少一个月。亚洲平原上的三角洲和季风草甸都有助于维持理想的生长条件。在三角洲之外，农民们已经开始在喜马拉雅山的山坡上开垦草甸或是梯田，那里的冰川径流是主要的淡水来源。

水稻是亚洲农业经济的命脉。数以百万计的农民和其他行业的人们依靠它来谋生。它支撑着最高水平的农业人口。此外，亚洲人历来以水稻为主食。可以说，在农业史上，这种食物养活了大多数人。

因此，亚洲的水稻经济会受到海平面上升的威胁，毕竟亚洲的水稻生产和消费几乎占了全球的绝大多数。[48] 水稻在潮湿的条件下生长旺盛，甚至需要土地被淹没至少一个月，但如果洪水泛滥太久，它就无法生存。

世界上近88%的水稻供应来自南亚和东南亚的低洼三角洲地区，[49] 这些三角洲特别容易受到气候变化的影响。越南近一半的稻米就种植在湄公河三角洲，整个三角洲地区都会受到海平面上升的影响。湄公河三角洲提供了越南40%的农业生产和50%的农业出口。[50] 在湄公河三角洲地区，80%的人口生活在农村地区，76%的人从事农业。[51] 在印度尼西亚，洪水使农业产量减少了130万吨，每年损失约3.53亿美元。[52]

国际粮食政策研究所预测，到2050年，全球水稻产量将减少15%，价格上涨37%。海平面上升的影响将不仅仅是淹没耕地。河流三角洲的频繁泛滥会不可逆转地改变该地区的水文状况，预计水稻种植区严重的洪水将会增加。[53]

水稻生产对高温也很敏感，在全球气温升高的情况下可能会受到影响。高温会降低水稻生产力，高温已经使东南亚的稻米产量停滞不前。据统计，全球气温每升高1℃，水稻将减产15%。[54]

中国拥有世界上10%的湿地，但是这些湿地正在以惊人的速度消失，正在向美国科学作家协会作家克里斯蒂娜·拉森（Christina Larson）所说的"临界红线"靠近。[55] 湿地不仅是有价值的渔业家园，而且还是新鲜、洁净水源的重要来源。此外，它作为重要的防洪机制，对内陆和内陆城市也有帮助。

然而，由于经济的发展和沿海的开垦，中国超过一半的湿地消失了，在过去的 40 年里，13% 的中国湖泊消失了，其结果是，一半的城市没有干净的饮用水来源。[56]在政府决定采取措施之前，湿地已经遭受了几十年的破坏，但如今中国政府正在努力恢复，保留下仅存的宝贵的湿地。国家湿地保护行动计划指定了 14 个新的湿地地点，环境保护团体的目标是将这个数字增加到 50 个。这样做将有利于保护中国巨大河流的生态系统，包括黄河、长江和流入越南布拉马普特拉河（Brahmaputra）的雅鲁藏布江。[57]

考虑到气候变化的破坏，中国和日本的一些湿地已经不可救药了。并没有简单的办法可以保护它们免受海平面上升的影响，因为在海堤和基础设施之间的是一片干旱的土地。湿地依赖于一定量的水汽和降水，[58]然而太长时间的淹没将破坏主要的植物和栖息地。亚洲开发银行的湿地适应分析预测，到 2050 年，日本将失去约 28% 的沿海湿地，而中国和韩国的损失将达到 19% ~ 22%，这与适应性的选择无关。[59]

匮乏的洁净水资源

虽然许多农田将受到海平面上升和极端降水的威胁，但其他一些农田将面临水资源枯竭。正如前几章所提到的，中国面临的严重干旱，提高了世界的粮食价格，引发了阿拉伯之春，并激发了中东地区的内乱。同时，干旱也会对当地居民和周边地区造成影响。

中国是世界上最大的小麦生产国和消费国。[60]由于担心农作物歉收，2010 年的干旱使得政府在国际市场上购买小麦，进而导致了包括埃及在内其他市场小麦的价格飙升，埃及因为面包骚乱而闻名。除了全球粮食价格上涨之外，中国的干旱也严重影响了当地经济。中国政府试图向农民提供 20 亿美元的援助来改善这一状况，并承诺会增加到 150 亿美元，但援助不会带来降水。[61]如果年纪不算太大，而且还有资源，农民就会被迫迁移。

印度也面临着长期的困难，如大面积气候变化引起的干旱。印度财政部长亚兰特·辛哈（Jayant Sinha）称气候变化是"我们面临的头号风险"，特别是它将如何影响季风和干旱。印度的农业产业产值近 3700 亿美元，有数亿个工作岗位，该地区的水资源严重依赖季风在雨季期间补充。[62] 印度 3/4 的降雨量集中在夏季季风季节的几个月。现在，季风降雨模式变得更加反复无常，难以预测。2012 年，旁遮普的降雨量比平均水平低了近 70%。为了应对粮食产量降低，政府被迫进口了许多主粮。然而，这种解决方式只会将食品价格推高到难以承受的水平，并伤害到那些没有作物可卖的农民。

对许多印度农民来说，生活已经变得无法忍受，所以他们选择了可能是唯一出路的路：自杀。在印度中部，农民自杀很常见。印度农民的自杀率比全球平均水平高出 47%。[63] 干旱、倾盆大雨、冰雹等极端天气导致作物歉收，引发债务，产生了一种恶性的贫困循环，除了死，许多农民看不到尽头。极端天气发生后，自杀的农民数量会增加。[64] 著名的环境活动家凡达纳·施瓦（Vandana Shiva）将自杀归咎于转基因作物体系。孟山都公司要求农民每年购买新的种子。自从转基因作物引进，价格已经上涨了 8000 个百分点。施瓦一直致力于向农民提供非转基因种子，这样他们就可以远离债务陷阱，减少对于孟山都公司的依赖。[65]

农民从当地的贷款机构借到足够的钱来支付孟山都公司的种子，但是如果他们收获不到一定的作物，就会陷入债务陷阱当中。他们祈祷出现一个好季节，以便种植足够的作物来偿还贷款。但随着极端天气和洪水的频繁发生，出现这样季节的可能性变得越来越小。

像洪水一样，干旱也开始破坏亚洲的水稻经济。在南亚和东南亚，水资源短缺危害着超过 2300 万公顷的稻田。干旱的发生预计会更加频繁，并进一步扩展到有灌溉的土地。[66]

许多稻农更关心干旱而不是洪水。科研人员和粮食组织一直在开发能够在干燥条件下存活的水稻品种。通常情况下，水稻依赖于水田，但新的水稻品种即使在干旱的月份也能存活。亚洲开发银行与国际水稻研究所合作开展了这项研究。亚洲开发银行指出，水稻是大部分亚洲人的主食，在确保粮食安全方面起着"关键作用"。[67] 对于孟加拉国的农民，干旱是他们面临的最大威胁之一，水稻对于粮食安全的作用不言而喻。[68] 新的水稻品种能使气候难民留在国内吗？

特大城市

因为气候变化，人们进入亚洲的城市中心，他们到城市后将面临的风险很值得关注。就像在孟加拉国一样，这可能会造成困难局面——移民被迫进入贫民窟，在血汗工厂的危险情况下工作，但孟加拉国并不是唯一一个。世界上大多数的大城市——人口有数百万，甚至有些人说有上千万甚至更多——都坐落在亚洲。

全球人口正在迅速城市化，城市正在努力跟上。然而气候变化对城市的影响可不是小事。城市更容易受到粮食安全和贫困问题的影响。许多亚洲大城市都处在高危的沿海地区，它们之所以能在这里形成是有道理的，因为沿海城市长期以来都是经济活动和海洋贸易中心，是跨国贸易的经济中心。但是，随着海平面的持续上升，它们将面临很艰难的处境。[69]

经合组织（OECD）预测，到2070年，这些城市的人口面临的威胁主要是洪水。按人口数排名前十的城市中，只有一座城市（迈阿密，排名第九）不在亚洲。其他的依次是：印度的加尔各答和孟买排名前两位，然后是孟加拉国的达卡，之后是中国的广州、越南的胡志明市、中国的上海。[70] 另外，在 OECD 与世界银行合作的另一项研究中，OECD 根据 GDP 的百分比也将最易受影响的城市进行了排名，亚洲城市再一次名列前茅，它们分别是：①广州；②新奥尔良；③瓜亚基尔，厄瓜多尔；④胡志明市；⑤阿比让；⑥湛江；⑦孟买；⑧库尔纳，孟加拉国；⑨巴邻旁，印度尼西亚；⑩深圳（表8.2）。[71]

表8.2　全球面临海平面上升风险人口最多的几个城市

城市	2070 年面临风险人口数 / 百万人
加尔各答	14.0
孟买	11.4
达卡	11.1
广州	10.3
胡志明市	9.2

续表

城市	2070 年面临风险人口数 / 百万人
上海	5.5
曼谷	5.1
缅甸仰光	5.0
迈阿密	4.8
海防港	4.7

以上城市排名是根据预估经济损失进行的。但就人而言，亚洲沿海城市的风险最大。在考虑人口流动和迁移时，海平面上升是更为重要的因素。[72]

印度孟买有 1200 万人住在一系列岛屿上，使用着超过 150 年历史的排水系统。[73] 雨季洪水已经接近地铁的深度。[74] 这座城市在涨潮期间，周围有一圈关闭的大门，用来防止洪水泛滥。但是在暴雨期间，洪水无处可排。1960 年由国会设立的东西方中心（The East-West Center）是一家非营利性组织，它把那里的情况描述为"近乎恐慌"。海平面上升 1 米，孟买将损失约 71 亿美元。[75]

胡志明市有 800 万人，预计到 2050 年将增长到 2200 万人。这座城市创造了越南 40% 的 GDP，却很容易受到洪水的侵袭，1997 年，一半的人口受到洪水的影响。到 2050 年，长达 30 年的洪水预计将会影响数百万人，根据东西方中心的说法，甚至会"带来 200 万名气候难民"。[76]

2009 年，台风"凯斯奈纳"（Ketsnea）引发的暴雨淹没了菲律宾80% 的城市，成千上万的民众被迫从马尼拉撤离。[77] 东西方中心指出，许多亚洲沿海城市的官员根本没有意识到洪水的危险，也不知道随着人口的增长、城市化和海平面升高，这些风险会在未来几年增大多少。在城市实施我们所希望的洪水救援措施保护生命之前，这点必须加以克服，而这些措施会变得越来越重要。

这些城市需要大力投资基础设施和生活设施建设。在这些城市中，一半以上的人口拥挤在贫民窟中，缺乏基本的洪水防范措施。如果不对基础设施建设进行投资，气候变化将使城市更容易遭受洪水破坏。[78]

在全球治理的层面，对气候变化适应能力的讨论越来越多。例如，世界银行已经发布了针对气候变化风险的建议方案："城市需要积极努力，把与气候有关的风险作为城市规划的组成部分，而且现在就要行动。"[79]针对城市的解决方案，包括"基础设施投资、分区规划和生态系统战略"都是必要的。每座城市都有不同的气候、水文和社会经济特征，但在每座城市，穷人面临的风险都最大，因此需要最多的投资。[80]

除了城市内的适应，海岸保护措施（包括海堤建造、港口升级、海滩滋养和堤坝维护）也是必要的。亚洲开发银行已经解释了建设"气候防御"的城市基础设施在经济上的收益。[81]但不管采取哪种方式，成本都很高。到2050年，中国每年将需要投入440亿美元。然而，亚洲开发银行发现，许多中国和蒙古的基础设施，至少从经济角度来看是不值得保留的。在日本和韩国，建设"应对气候"的大部分基础设施在经济上看是合理的。中国的给水系统、下水道和道路方面进行的建设是合理的，住房、建筑和教育服务则并不合理。亚洲开发银行指出，除了日本和韩国以外，其他国家可能不得不接受"部分"适应策略，而不是"完全适应"，换句话说，这些国家的部分地区将会被海水吞噬，只能舍弃。[82]另外，在中国，采取适应策略获得的收益将远远大于成本，因为成本低于预期损失的10%。[83]

致命的台风和应急救援

台风是世界上最致命的天气事件之一，强风足以拔起树木，洪水足以冲垮房屋。令人担忧的是，在全球变暖的情况下，台风的这两个方面影响都将变得更严重。虽然科学家预测，气候变化并不一定会导致更多的台风，但人们普遍认为，那些能形成的台风将会更严重。温暖的海水会以更快的风速引发更强的风暴。海平面上升使每一次的风暴潮都更严重，将会淹没那些之前没有被淹没的地区。

台风的侵袭，不只带来临时疏散的问题，也会导致持久的土地退化。许多在暴风雨之前被疏散的人，可能因为房屋被毁坏，并不能回到原址居住。这种情况在河流三角洲很普遍，亚洲也有很多。[84]

台风将对亚洲的三角洲造成越来越大的影响。事实上，政府间气候变化专门委员会指出，南亚、东南亚和东亚的国家尤其容易受到海平面上升的影响，因此这些国家也更容易受到台风的影响。在亚洲，越来越多的人和财产面临着海平面上升的威胁。到 2050 年，将有 3.5 亿人面临百年一遇的沿海洪灾。[85] 在亚洲，这主要与城市化和社会经济趋势有关：人口持续增长，而且大家都持续向沿海城市迁移。在如此快速的城市化进程中，城市和政府往往没有时间和能力来安置每个人，从而导致贫民窟的出现和扩大。这些贫民窟更容易受到极端天气和海平面上升的影响。

仅 2014 年，在亚洲因台风流离失所的人数为：中国 117 万人，日本 57 万人，菲律宾 481 万人。这是两个台风造成的结果："威马逊"（Rammasun）台风和"黑格比"（Hagupit）台风。[86] 这两个台风促使菲律宾紧急疏散，最终引发了世界历史上最大规模的流离失所。部分原因是菲律宾比其他国家更容易受到台风的影响——尽管它的人口增长速度不如那些对台风更有抵抗能力的富裕国家。

这里的问题在于：收入较低的国家更容易受到影响，台风会更频繁，尤其是在亚洲，[87] 因为这些国家没有许多高收入国家采取的有效预警系统和灾难应对政策。事实上，菲律宾不断受到气候变化的影响，尽管在众多国家中，气候变化对它的影响是最小的。2013 年，台风"海燕"肆虐全国，造成了致命的、毁灭性的后果。这是有史以来最强烈的风暴之一，风速接近每小时 200 英里，最高风速达到每小时 235 英里。据估计，6300 人丧生，410 万人流离失所。[88] 这是一年中引发流离失所的最大事件，比那些非洲、美洲、欧洲和大洋洲被迫逃离的人数要多出 100 万人。[89]

风暴过后，菲律宾首席谈判代表纳季罗夫·萨诺团长（Naderev "Yeb" Sano）在联合国气候峰会上含泪呼吁国际援助，使菲律宾具备足够的适应能力和保护措施，来免受气候变化的影响。[90] 他宣布："为了我正在家乡为了食物而奋斗的同胞们，我将禁食，直到绿色气候基金给出'具体的承诺'，帮助发展中国家应对气候变化，减少温室气体排放。"[91]

在气候变化的影响下，菲律宾在易受影响排名中位列第 13，尽管它的温室气体排放远远少于美国和澳大利亚。[92] 在遭受台风袭击之前，菲律宾全国上下很难团结到一起。

联合国指出，最初因台风"海燕"而流离失所的 410 万人中，大多数人要么回家，要么重新定居。但事实上，1 年后仍有 2 万人流离失所。[93] 尽管如此，在过去的 1 年里，筹集的资金对数以百万计的幸存者的影响是无价的。联合国带来了救灾物资，包括毛毯、帐篷、卫生用品、太阳能灯和厨房用具，送给超过 70 万名最为脆弱的幸存者。

联合国指出，对于那些仍然流离失所的人口，土地和财产问题阻碍了他们找到永久家园。他们将不得不在临时避难所停留至少 2 年，等待政府为他们寻找永久性的安置地。[94] 事实上，国内流离失所监测中心指出，要解决流离失所问题，无法获得土地是最常被提及的障碍之一。如果没有土地，要么无法返回自己的家园，要么无法重新安置，在灾难发生后流离失所的人可能会成为移居城市贫民区的"非正式定居者"。正如国际移民组织菲律宾项目主管康拉德·纳维达德（Conrad Navidad）所说，"这些移民可能会告诉你，我们是台风或自然灾害的受害者，我们无法等到政府的解决方案"。[95]

联合国还强调了，"菲律宾是世界上自然灾害最为频发的国家之一，迫切需要通过立法保护国内流离失所者的权利"。[96] 在许多公民能返回家园或迁移到新的地方之前，立法是必要的。

菲律宾引发关注的原因之一就是立法还没有到位。布鲁金斯学会在一项案例研究中指出了台风"海燕"的灾民重新安置过程中的一些其他问题。调查发现，在台风过后 1 年半的时间里，只有不到 18% 的人认为生活已经恢复正常。只有 32% 的家庭能够满足基本需求（台风到来之前这一数字已经达到了 83%）。[97]

改善针对台风"海燕"等灾害天气的应对机制，需要从外国机构、非政府组织到地方议会各个层面的努力。各机构需要更好地配合实地工作，而地方需要提高对这些事件做出反应的能力。布鲁金斯学会的报告向菲律宾政府和国际支持者提出以下建议。

①认识到解决流离失所问题的持久办法需要多部门合作，需要人道主义精神和发展等方面的投入，住房以外的其他部分也需要投入。

②加大对疏散中心的投资力度，加强安全施工技术和其他防灾减灾项目。

③建立一个互动的、基于权利的监测系统，用于搬迁计划、政策和项目，将地方和国家层面联系起来。

④基于国内流离失所者的积极参与，为受影响地区制定和实施加强的、适应当地文化的生计战略。[98]

布鲁金斯学会和联合国制订的这些详细计划需要大量的支援。大量的援助和努力才能满足那些因台风"海燕"流离失所的人们的需要。联合国立即提供了 2500 万美元的紧急资金，并呼吁增加到 3 亿美元以上。[99] 然而，国际货币涌入并非总是有益的。正如布鲁金斯学会所解释的那样，未雨绸缪才是关键。一个国家只能在有限的财力和政府反应机制下做该做的事，这也是萨诺团长呼吁的原因。他的演讲节选如下：

"灾后的画面变得越来越清晰，破坏是巨大的。似乎还不只这些，另一场风暴正在西太平洋的温暖水域中再次酝酿，想到又一场台风要袭击同样的地方，而当地人的生活还没有开始恢复，我就不寒而栗。

我的国家所经历的极端天气是疯狂的，气候危机是疯狂的。

我们可以阻止这种疯狂。"[100]

从气旋中恢复需要数年时间。国内流离失所监测中心发现，孟加拉国的灾害发生 6 年之后，许多人仍然因为气旋"艾拉"（Aila）的影响处于流离失所状态。[101] 2009 年，"艾拉"袭击了这个国家，村庄被淹没，84.2 万人逃离家园。在 6 个月后，仍然有大约 20 万人流离失所，因为灾后恢复系统和机构没有能力解决这么多人的问题。流离失所的人住在靠近海岸的临时住所里，这里"涨潮时被汹涌的洪水包围，退潮时被数千公顷泥泞的土地包围"。[102] 在接下来的几年里，其他的环境灾难使超过 470 万名孟加拉人流离失所。

2009 年，许多被气旋"艾拉"袭击的人多年后仍然没有得到永久的解决方案。那些试图返回家园的人发现，土地已经退化到无法修复的地步，他们的生活方式不断受到沿海洪水和风暴的干扰。然而，如果没有援助，在孟加拉国和其他贫穷的亚洲地区，搬迁对大多数人来说是负担不起的。据国际移民组织估计，这一举措的成本约为每户 1000 美元，而孟加拉国的人均年收入仅为 1190 美元。[103]

台风只是亚洲国家面临的气候威胁之一，但可以说是最具破坏性的。台风带来的直接破坏，使亚洲人民的困境成为全球媒体关注的焦点。正如萨诺团长的眼泪所代表的那样，这些例子说明，亚洲国家需要外界帮助，做好准备适应气候变化，以免重蹈覆辙。

亚洲国家想要采取行动

对于生活在亚洲的人来说，气候变化的威胁是实实在在存在的。如果没有这种感觉，是因为气候变化对他们还没有造成伤害。皮尤（Pew）研究中心的一项民意调查发现，气候变化是对包括印度、中国、印度尼西亚、菲律宾等许多亚洲国家的头号威胁。[104] 根据舆观调查网（YouGov）2015 年 6 月发布的一项调查，中国人比世界上任何国家的人都乐于采取行动应对气候变化。只有 2% 的马来西亚人、3% 的印度尼西亚人和 4% 的中国人认为气候变化"不是一个非常严重的问题"或者"根本不是一个严重的问题"。即使在最多疑的泰国，也有 6% 的人认为气候变化不是一个严重的问题。[105]

据调查，这些国家希望能在 2015 年 12 月的联合国气候会议上"发挥领导作用"，希望各国制定"尽快解决气候变化问题的远大目标"。[106]

气候援助，使准备更充分

至少孟加拉国的气候变化困境看来没有被人忽视。2015 年，白宫宣布的气候准备倡议中，目标国之一是孟加拉国，同样作为目标国的还有哥伦比亚和埃塞俄比亚。一个公私合作项目将为这些国家提供 3400 万美元，帮助它们应对气候变化。该资金来自美国政府、美国红十字会、亚洲开发银行、美国环境系统研究所公司（Esri）、谷歌、美洲开发银行、斯科尔（Skoll）全球威胁基金和英国政府。[107]

　　该项目将在孟加拉国提供"可扩展的、可复制的、全面的、综合的气候服务"，它被选择代表南亚和东南亚的整个区域。[108] 由于受到海平面上升、洪水和干旱的综合影响，孟加拉国确实可以代表亚洲其他地区。孟加拉国的项目主要聚焦点在于"合作伙伴和当地利益相关者之间的合作，以确保伙伴关系在重点国家的长期所有权和可持续的影响"。[109] 这听起来很不错，与布鲁金斯学会在台风"海燕"之后补救性的跨国救援行动形成了鲜明对比。

　　这个计划和其他帮助亚洲各国应对气候变化的建议能否真正发挥作用，需要时间来证明。我们正处在一个十字路口，未来是绝大多数亚洲人会不得不迁移，还是我们会采取行动？

参考资料

" 'It's Time to Stop This Madness' —Philippines Plea at UN Climate Talks," *Climate Home,* http://www.climatechangenews.com/2013/11/11/its-time-to-stop-this-madness-philippines-plea-at-un-climate-talks/.

[1] "Surging Seas: Sea Level Rise Analysis by Climate Central," Climate Central, http://sealevel.climatecentral.org.

[2] IPCC Working Group Ⅱ, "Coastal Systems and Low-Lying Areas," *Climate Change 2014 Impacts, Adaptation, and Vulnerability*, United Nations, March 2014.

[3] Notre Dame Global Adaptation Index, http://index.gain.org.

[4] Caroline Davies, "Migrants on Boat Rescued off Indonesia Recall Horrific Scenes," *Guardian*, May 15, 2015, https://www.theguardian.com/world/2015/may/15/asian-migrant-crisis-grows-as-700-more-boat-people-rescued-off-indonesia.

[5] "Rohingya Refugees Face More Restrictions," IRIN News, October 12, 2012.

[6] "Bangladesh Plans to Move Rohingya Refugees to Island in the South," Agence France-Presse, May 27, 2015.

[7] Thomas Fuller and Joe Cochrane, "Rohingya Migrants from Myanmar, Shunned by Malaysia, Are Spotted Adrift in Andaman Sea," *New York Times*, May 14, 2015, https://www.nytimes.com/2015/05/15/world/asia/burmese-rohingya-bangladeshi-migrants-andaman-sea.html.

[8] Davies, "Migrants on Boat Rescued."

[9] "thousands of Refugees Stranded on 'floating coffins' in Southeast Asia," Associated Press, May 15, 2015.

[10] Jonathan Kaiman and Shashank Bengali, "Indonesia, Malaysia to Take in Migrants Stranded at Sea, Reversing Stance," *Los Angeles Times*, May 20, 2015, http://www.latimes.com/world/asia/la-fg-ff-indonesia-malaysia-migrants-20150520-story.html.

[11] Raveena Aulakh, "Climate Change Forcing Thousands in Bangladesh into Slums of Dhaka," *Toronto Star*, February 16, 2013.

[12] Joe Myers, "These Are the World's 10 Fastest Growing Megacities," *World Economic Forum,* November 1, 2016, https://www.weforum.org/agenda/2016/11/the-10-fastest-growing-megacities-in-the-world/.

[13] "Climate Migration Drives Slum Growth in Dhaka," Cities Alliance, http:// www.citiesalliance.org/node/420.

[14] Ibid.

[15] Tansy Hoskins, "Reliving the Rana Plaza Factory Collapse: A History of Cities in 50 Buildings, Day 22," *Guardian,* April 23, 2015, https://www.theguardian.com/cities/2015/apr/23/rana-plaza-factory-collapse-history-cities-50-buildings.

[16] "Bangladesh Murder Trial over Rana Plaza Factory Collapse," BBC News, June 1, 2015.

[17] Marc Bain, "Years after the Rana Plaza Tragedy, Too Many of Bangladesh's Factories Are Still 'Death Traps,'" Quartz, October 25, 2015, https://qz.com/530308/more-than-two-years-after-the-rana-plaza-tragedy-too-many-of-bangladeshs-factories-are-still-death-traps/.

[18] George Black, "Your Clothes Were Made by a Bangladeshi Climate

Refugee," Mother Jones, July 30, 2013.

[19] Sarah Davies and Alex Reilly, "FactCheck: Have More Than 1000 Asylum Seekers Died at Sea under Labor?," Conversation, July 22, 2013.

[20] Amie Hamling, "Rohingya People: The Most Persecuted Refugees in the World," Amnesty International, October 7, 2015.

[21] "Turning Back Boats 'Has to Be on Table' as Labor Policy, Says Bill Shorten," Australian Broadcast Corporation, July 22, 2015.

[22] Alex Lee, "The Harsh Treatment of Asylum Seekers Is One Thing Labor and the Liberals Can Agree On," Buzzfeed, July 23, 2015.

[23] "Basic Facts about Myanmar," Myanmar Embassy, http://www.myanmar-embassy-tokyo.net/about.htm.

[24] *Climate Change 2007: Impacts, Adaptation, and Vulnerability*, United Nations Intergovernmental Panel on Climate Change, 2007, chapter 6, box 6.3, p. 327, https:// www.ipcc.ch/pdf/assessment-report/ar4/wg2/ar4_wg2_full_report.pdf.

[25] Union of Concerned Scientists, "Ganges-Brahmaputra Delta, Bangladesh," http://www.climatehotmap.org/global-warming-locations/ganges-brahmaputra-delta-bangladesh.html.

[26] Justin Ginetti and Chris Lavell, "The Risk of Disaster-Induced Displacement in South Asia," Internal Displacement Monitoring Center, April 2015, 32, http:// www.internal-displacement.org/assets/publications/images/2015/201504-ap-south-asia-disaster-induced-displacement-risk-en.pdf.

[27] Kourtnii S. Brown, "Top 3 Ways Sea Level Rise Threatens Asia-Pacific Region," The Asia Foundation, June 4, 2014; *Climate Change 2007: Impacts, Adaptation, and Vulnerability*, http://asiafoundation.org/2014/06/04/top-3-ways-sea-level-rise-threatens-asia-pacific-region/.

[28] George Black, "Your Clothes Were Made by a Bangladeshi Climate Refugee," *Mother Jones,* July 30, 2013, http://www.motherjones.com/environment/2013/07/bangladesh-garment-workers-climate-change.

[29] Joydeep Gupta, "Villages Swallowed as River Erosion Accelerates in

Bangladesh," The Third Pole, May 28, 2013.

[30] Intergovernmental Panel on Climate Change, *IPCC Fourth Assessment Report: Climate Change 2007,* 6.4.1.2, box 6.3, https://www.ipcc.ch/publications_and_data/ ar4/wg2/en/ch6s6-4-1-2.html#box-6-3.

[31] Brown, "Top 3 Ways."

[32] Ben Block, "Deltas Sink Worldwide, Increasing Flood Risk," Eye on Earth (Worldwatch Institute's online news service), http://www.worldwatch.org/ node/6267.

[33] E.g., Brown, "Top 3 Ways."

[34] Internal Displacement Monitoring Centre and Norwegian Refugee Council, "Global Estimates 2014: People Displaced by Disasters," September 2014, p. 25, section 3.1, http://www.internal-displacement.org/assets/publications/2014/201409-global- estimates2.pdf.

[35] Norwegian Refugee Council, "22 Million People Displaced by Disasters in 2013," September 17, 2014, http://news.trust.org//item/20140917071049-k6xeo/.

[36] Michael Westphal, Gordon Hughes, and Jörn Brömmelhörster, eds., *Economics of Climate Change in East Asia* (Mandaluyong City, Philippines: Asian Development Bank, 2013), p. 30, box "Key Findings," https://www.adb.org/sites/default/files/ publication/30434/economics-climate-change-east-asia.pdf.

[37] Ibid.

[38] Kevin Brown, "Hong Kong and Singapore Warned over Global Warming," *Financial Times,* November 12, 2009, http://www.ft.com/cms/s/0/52b4f25e-cf2a- 11de-8a4b-00144feabdc0.html?ft_site=falcon&desktop=true#axzz4XAWAX18M.

[39] Westphal et al., *Economics of Climate Change,* p. 61.

[40] Johnlee Varghese, "Japan Floods: Thousands Flee Homes as Tsunami-like Waves Hit City Near Tokyo [video]," *International Business Times*, September 10, 2015; "More Than 100000 Flee Floods after Heavy Rains in Japan," Reuters, September 10, 2015.

[41] "Tropical Storm Leads to Floods in Japan," Earth Observatory, http://

earthobservatory.nasa.gov/NaturalHazards/view.php?id=86584&src=eorss-nh.

[42] Brown, "Top 3 Ways."

[43] "Climate Hot Map Global Warming Effects around the World," Union of Concerned Scientists, http://www.climatehotmap.org/global-warming-locations/osaka-japan.html.

[44] Alva Lim and Brendan F. D. Barrett, "Japan to Suffer Huge Climate Costs," Our World, June 30, 2009.

[45] "Tropical Storm Leads to Floods."

[46] Ram Manohar, Shrestha Mahfuz, Ahmed Suphachol, and Suphachalasai Rodel Lasco, *Economics of Reducing Greenhouse Gas Emissions in South Asia Options and Costs*, (Mandaluyong City, Philippines: Asian Development Bank, 2013).

[47] *Climate Change 2007: Impacts, Adaptation, and Vulnerability.*

[48] M. K. Papademetriou, "Rice Production in the Asia-Pacific Region: Issues and Perspectives," Food and Agriculture Organization Corporate Document Repository, http://www.fao.org/docrep/003/x6905e/x6905e04.htm.

[49] Brown, "Top 3 Ways."

[50] Toru Konishi, *Climate Change on the Vietnam, Mekong Delta: Expected Inpacts and Adaptations,* World Bank East Asia Infrastructure, http://www.fao.org/fileadmin/templates/rome2007initiative/FAO_WB_TCIO_CC_Meeting_May_2011/TORUKO_1.PDF.

[51] Ibid.

[52] Suzanne K. Redfern, Nadine Azzu, and Jessie S. Binamira, "Rice in Southeast Asia: Facing Risks and Vulnerabilities to Respond to Climate Change," Plant Production and Protection Division, FAO, Rome, April 24, 2012.

[53] "Rice and Climate Change," International Rice Research Institute, http://irri.org/news/hot-topics/rice-and-climate-change.

[54] Redfern, Azzu, and Binamira, "Rice in Southeast Asia."

[55] Christina Larson, "China's Vanishing Coastal Wetlands Are Nearing Critical Red Line," American Association for the Advancement of Science, October 23, 2015.

[56] "Wetland Conservation and Restoration," World Wildlife Fund China, http://en.wwfchina.org/en/what_we_do/freshwater/wetland_conservation.

[57] Ibid.

[58] Westphal et al. *Economics of Climate Change.*

[59] Ibid., p. 60, box "Key Messages."

[60] Casey Chumrau, "Crop Shifts in China Could Influence World Wheat Market,*Southwest Farm Press,* October 5, 2012, http://www.southwestfarmpress.com/grains/crop-shifts-china-could-influence-world-wheat-market.

[61] Boris Cambreleng, "Drought Rattles Farmers in Eastern China," Phys.org, February 25, 2011; "China Drought Threatens Wheat Crops," BBC News, February 17, 2011.

[62] Maria Gallucci, "India Drought 2015: Climate Change Is Biggest Threat to India's Economy, Modi Finance Aide Says," *International Business Times*, November 2, 2015.

[63] Baba Umar, "India's Shocking Farmer Suicide Epidemic," Al Jazeera, May 18, 2015, http://www.aljazeera.com/indepth/features/2015/05/india-shocking-farmer-suicide-epidemic-150513121717412.html.

[64] Zigor Aldama and Miguel Candela, "India's Deadliest Epidemic," *Diplomat*, October 20, 2015.

[65] Vandana Shiva, "Seeds of Suicide and Slavery versus Seeds of Life and Freedom," Al Jazeera, March 30, 2013.

[66] "Rice and Climate Change," "Water Scarcity."

[67] Asian Development Bank, "Rice in Asia: Climate Change and Resilient Crops," September 25, 2013, https://www.adb.org/fr/node/40902.

[68] Ibid.

[69] Robin McKie, "Global Warming to Hit Asia Hardest, Warns New Report on Climate Change," *Guardian*, March 22, 2014.

[70] R. J. Nicholls et al., "Ranking of the World's Cities Most Exposed to Coastal Flooding Today and in the Future," Organization for Economic Cooperation and

Development, December 4, 2007, https://www.oecd.org/env/cc/39721444.pdf (executive summary).

[71] Tran Viet Duc, "Which Coastal Cities Are at Highest Risk of Damaging Floods? New Study Crunches the Numbers," http://www.worldbank.org/en/news/feature/2013/08/19/coastal-cities-at-highest-risk-floods.

[72] Roland J. Fuchs, "Cities at Risk: Asia's Coastal Cities in an Age of Climate Change," Asia Pacific Issues, no. 96, July 2010, http://www.eastwestcenter.org/system/tdf/private/api096.pdf?file=1&type=node&id=32434.

[73] Fuchs, "Cities at Risk," p. 4.

[74] Ibid.

[75] Ibid.

[76] Ibid: 4.

[77] Ibid.

[78] "Addressing Climate Change and Migration in Asia and the Pacific," Asian Development Bank, 2012, p. 14, para. 59, https://www.adb.org/sites/default/files/publication/29662/addressing-climate-change-migration.pdf.

[79] "Climate Risks and Adaptation in Asian Coastal Megacities," World Bank: xvi, http://siteresources.worldbank.org/EASTASIAPACIFICEXT/Resources/226300–1287600424406/coastal_megacities_fullreport.pdf.

[80] Ibid.

[81] Westphal, Hughes, and Brömmelhörster, Economics of Climate Change.

[82] Ibid.

[83] Ibid.

[84] P. P. Wong et al., "Coastal systems and low-lying areas," in Climate Change 2014: Impacts, Adaptation, and Vulnerability. Part A: Global and Sectoral Aspects, March 2014, https://www.ipcc.ch/pdf/assessment-report/ar5/wg2/WGIIAR5-Chap5_FINAL.pdf.

[85] Ibid.

[86] "Global Estimates 2015: People Displaced by Disasters."

[87] Ibid.

[88] UNHCR, "1-Year on from Typhoon Haiyan, Thousands of People Still Rebuilding Lives," November 7, 2014, http://www.unhcr.org/uk/news/briefing/2014/11/545c9cda6/1-year-typhoon-haiyan-thousands-people-still-rebuilding-lives.html.

[89] Internal Displacement Monitoring Centre and Norwegian Refugee Council, "Global Estimates 2014," p. 8.

[90] " 'It's Time to Stop This Madness' —Philippines Plea at UN Climate Talks," *Climate Home,* http://www.climatechangenews.com/2013/11/11/its-time-to-stop-this-madness-philippines-plea-at-un-climate-talks/.

[91] Green Climate Fund, "What Is GCF?" https://www.greenclimate.fund/home.

[92] Pia Ranada, "Philippines Drops in 2016 List of Countries Vulnerable to Climate Change, *The Rappler,* November 17, 2015, http://www.rappler.com/science-nature/environment/113064-philippines-2016-climate-change-vulnerability-index.

[93] "1-Year on from Typhoon Haiyan."

[94] Ibid.

[95] "Global Estimates 2015: People Displaced by Disasters."

[96] "1-Year on from Typhoon Haiyan."

[97] Angela Sherwood et al., "Resolving Post-Disaster Displacement: Insights from the Philippines after Typhoon Haiyan (Yolanda)," Brookings Institution, June 15, 2015, https://www.brookings.edu/wp-content/uploads/2016/06/Resolving-PostDisaster-DisplacementInsights-from-the-Philippines-after-Typhoon-Haiyan-June-2015.pdf.

[98] Ibid.

[99] "Typhoon Haiyan: Aid in Numbers," BBC News, November 14, 2013.

[100] " 'It's Time to Stop This Madness.' "

[101] "Global Estimates 2015: People Displaced by Disasters."

[102] Ibid.

[103] Ibid.

[104] Jill Carle, "Climate Change Seen as Top Global Threat," Pew Research Center, July 14, 2015.

[105] "Global Survey: Chinese Most in Favor of Action on Climate Change," YouGov Survey, June 4, 2015.

[106] Andrew Griffin, "UK and US Main Barriers to Addressing Climate Change, Survey Finds," *Independent*, June 7, 2015, http://www.independent.co.uk/life-style/gadgets-and-tech/news/uk-and-us-main-barriers-to-addressing-climate-change-survey-finds-10303279.html.

[107] "Fact Sheet: Launching a Public-Private Partnership to Empower Climate-Resilient Developing Nations," White House Office of the Press Secretary, June 9, 2015, http://reliefweb.int/report/world/fact-sheet-launching-public-private-partnership-empower-climate-resilient-developing.

[108] Ibid.

[109] Ibid.

第三部分

政策影响与结论

第九章

时事和气候难民

当前的难民法并不待见环境难民，但他们面临的严重困境值得关注，特别是考虑到在未来几十年内他们的境地将会变得更加糟糕。

——《维拉诺瓦环境法杂志》阿曼达·多兰（Amanda Doran）

现身于世界舞台中的难民很少被非政府组织描述为无助的牺牲者。实际上，作为一个离散的群体，难民们不断演绎着其置身其中的文化，突出了其民族的棱角，在文化领域内对艺术、诗歌和戏剧都做出了重要的贡献。尽管面临所谓的"回归权"或跨国机构的遣返，对涉及遣返或在一个新的国家安顿的环境难民的转移与政治现实无关，而与经济恐惧和宗派歧视息息相关。

当人们逃离冲突或自然灾害时，他们就会遭遇一些最为痛苦的人生经历。但多数情况下的选择逃离胜过返回时所受的痛苦和虐待。难怪成千上万的国内流离失所者跨越边境、海上屏障和危险境地，以寻找更好的生活，而那些留下来的人在肮脏和拥挤的难民营中苟且。例如，在伊拉克，战争、水坝和矿山的建设及干旱导致大约 190 万人流离失所。另有 200 万人逃离伊拉克，前往邻国。正如国际迁移组织的代表所指出的，迁移和环境之间有一个基本的相互依赖关系[1]。然而面临由于干旱和洪水所导致的水与食物的缺失，人们还有其他选择吗？

美国的气候难民

2005 年 8 月，"卡特里娜"飓风袭击了美国新奥尔良和墨西哥沿岸地区，风暴潮达 28 英尺，海岸上只留下了少许建筑物。新奥尔良在最初的袭击中幸存了下来，但洪水泛滥。当堤坝决口时，汹涌的洪水淹没了附近地区，人们被困在屋顶上。总之，在风暴过程中，来自新奥尔良及农村和沿海度假区小城镇的 100 多万人被疏散。

风暴平息后，媒体和政府部门普遍认为，那些离开新奥尔良及沿岸城镇的人们将重建家园，开始新生活。然而有几十万人没有这样做，他们既无工作也没有办法回到自己的家园。因此，成千上万的美国人的角色已经从被疏散人员转变为气候难民。

这并不是美国人第一次被其环境所压垮而不得不在别处寻求庇护。20 世纪 30 年代，美国中西部地区的沙尘暴扰乱了 200 多万人的生活，使超过 25 万人在加利福尼亚和太平洋西北部寻求更好的生活。

"卡特里娜"飓风的难民大多定居在得克萨斯州这一新的陌生环境。考虑到这些气候难民多是贫穷的非裔美国人或老年人，他们在得克萨斯州并不很受欢迎。该州已经被一种本土主义心态所左右，因为来自墨西哥和拉丁美洲的大量合法和非法移民通常位处他们中间。休斯敦吸收了大部分难民，有时也会遭遇同情疲劳的折磨。但 2007 年由莱斯大学社会学家斯蒂芬·克兰伯格（Stephen Klineberg）对 765 名休斯敦地区居民进行的一项调查显示，3/4 的人相信帮助难民会对社区带来"相当大的压力"，2/3 的人把暴力犯罪的飙升归责于被疏散人员，一半的人认为如果这些被疏散人员留下来，休斯敦的情况会更糟，也有 1/4 的人认为这座城市会因此变得更好[2]。

休斯敦警察提供的报告显示，在"卡特里娜"飓风难民到来的第一年内，谋杀率比往年增加了 32%。据休斯敦警察局局长哈罗德·赫特（Harold Hurtt）所说，在这一年内，难民作为受害者或嫌疑人卷入了 212 起谋杀案中的 35 起。2006 年 1 月，休斯敦警方逮捕了 8 名敌对的新奥尔良帮派成员，起因是他们谋杀 11 名难民同伴。3 月，在汽车盗窃严打中所逮捕的 18 名人员中有一半是被疏散人员[3]。赫特说，有些犯罪浪潮归因于"卡特里娜"飓风难民，但又补充说："我不想传递所有'卡特里娜'飓风灾民都参与了贩毒交易、团伙和暴力犯罪的信息。"[4]克兰伯格注意到，到来的15万名难民，其中90%是黑人，的确导致了"种族关系的明显紧张"。[5]

值得注意的是，休斯敦难民中的15 000人是越南人后裔，这些人很容易被当地拥有6万个家庭的越南社区所吸收。据社会学家克兰伯格所说，休斯敦最终适应了难民的涌入，但随之而来的是高度的社会紧张和同情疲劳。10年后，克兰伯格注意到了休斯敦对滞留的那些难民们的感情上有所缓和。[6]

认为气候变化不会对美国这样的富裕国家造成问题是错误的。来自《得克萨斯论坛报》和ProPublica的联合调查显示，在相当于"卡特里娜"飓风级别的下一个大飓风中，休斯敦将会坐以待毙[7]。随着全球气候的变暖，美国将面临吞没其大片沿海地区的凶猛的风暴模式，即广泛的干旱和潮汐的侵袭。失去主要湿地可能会导致海洋渔业的崩溃。反过来，沿海地区的人口将会迁移，美国将面临一个新的现象：国内流离失所的气候难民。因为洪水，美国可能不得不努力重新安置来自墨西哥湾、南佛罗里达州及延伸到新英格兰的大西洋海岸的数百万人。

暂时保护并非解决办法

2010年1月，海地发生7.0级大地震。地震造成的死亡人数为25万人，经济损失10亿美元。这次地震是海地两个世纪以来所经历的最强地震。美国国土安全部赋予10万名非法居留在美国的海地人"临时保护身份"（TPS）[8]。它不承认海地人是"难民"或拒绝为那些非法越境人员提供保护（维拉诺瓦法律学者阿曼达·多兰说："因环境所迫的移民不符合传统的难民定义，因而许多国家拒绝为他们提供庇护。"）但TPS并非解决方案，就像其他的情况和事件一样，这些"特殊情况"是一种规避美国人对接纳难民所怀敌意的一种方式。此前，在热带风暴与飓风造成数百人和大量农作物死亡并产生了10亿美元的经济损失后，海地曾要求过TPS，但都被拒绝了。尽管如此，多兰总结道，海地地震确实把气候难民的两难境地置于世界的最前沿，"让我们无法忽视并恳求国际社会找到解决办法"[9]。

气候迁移的未知领域

2015 年夏天，欧洲到处都是移民和难民，大多数人是为了逃离叙利亚血腥的内战。面对难民，人们或害怕或怀疑，担心他们的经济不能支持大量涌入的移民。德国明显唱反调，在其行动中，提供了一种可能用于应对气候难民的选择。德国决定接纳近 100 万名移民。德国领导人相信移民会使国家兴旺起来，而不是造成有形的混乱。德国的出生率在世界上是最低的，其劳动力正在迅速老龄化。据德国副总理西格玛尔·加布里尔（Sigmar Gabriel）说，许多叙利亚难民有钱、接受过教育和培训[10]。安置和同化这些移民的成本很高，随着时间的推移，德国预计将为此花费 70 亿美元（图 9.1）。

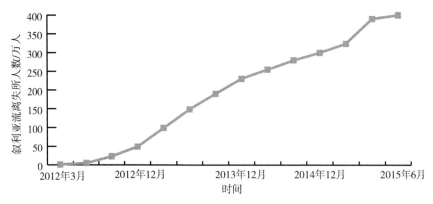

图 9.1　叙利亚难民危机达到新的高度

数据来源：联合国难民署（UNHCR）。

根据《财富》杂志报道，越来越多的证据表明，"接受难民往往在经济上很明智"[11]。相比当地居民，移民更具创业性，而且通常不会持续领取失业补助。此外，他们有获取第二次生活机会的强大动力。难民在新土地上获得成功通常需要时间。在最初的 5 年内，移民们甚至还在努力维持在原来国家的生活方式和经济地位，但 10 年之后，难民们往往比移民前更为富裕。

　　并非所有的气候难民都能像那些移居到德国的人过得那么好。数以百万计的人将会像流浪者那样被冲击到新的陌生环境中。不管是置身于本国一个新地域还是一个新国家，新的寄居环境有可能会给难民带来艰苦的生活。特别是从乡村进入城市的难民将被抛入一个陌生的环境中。如果没有像样的住房，得不到相应的服务，许多人将难以生存。据《基督教援助》报道，这些难民存有世代陷入长期贫困的高风险中 [12]。在哥伦比亚、缅甸和马里等国家，这种情况尤其糟糕。在这些国家里，政治腐败、准军事行动和气候变化叠加，致使成千上万的人流离失所。许多人是带着这一致命的警告被驱离他们的农场的：如果你不卖给我们，我们就和你的寡妇谈判 [13]。在遭遇环境或军事灾难之后返回家园的权利应该是所有国内流离失所者的基本权利。但现实情况是，一旦你的土地被偷走，你所能预期的只是失去国家帮助下的贫穷。

　　同样的现实也发生在泰缅边境美拉郎（Mae Ra Luang）难民营的难民们身上。至少有 3500 名难民已经来到了这个营地，还有更多的人正在涌入。缅甸是世界上最贫穷的国家之一，但其政府预算的近一半花在了军队上面 [14]。超过 10% 的缅甸儿童在他们 5 岁之前死于疾病和营养不良，可用于生产急需粮食的土地已经变成了棕榈种植园。与此同时，缅甸拥有亚洲最大的军队之一，虽然它并没有对其构成威胁的邻居。

　　在非洲马里，降雨模式的变化正在形成一种新的移民浪潮，他们被赶出家门寻找水源 [15]。当难民离开他们自家村落时，他们必须断绝与家人的关系及帮助他们维持生活的那种强烈的社区意识 [16]，以勉强维持生计。干旱减少了收成，每年都有更多的人离开去讨饭，以此挺过干旱季节的食物严重不足。马里的农民曾一度能预测雨水并相应地进行种植。现在雨水消失在生长季节的中期，这就带来了灾难性的后果，由此导致了双重恶果的发生：随着土地的流失，在该区域耕种和生存的后代们也随之消失。

　　今天的移民危机最引人注目的地方是它将变得越发严重。即使西方国家能够吸收数以百万计的来自叙利亚和中东的移民，还将有数以百万计的从厄立特里亚、利比亚和北非地区涌入。最近的一项对尼日利亚人的民意调查发现，如果可能，40% 的尼日利亚人都将移民。随着气候变化对社会的袭扰，数年前殖民统治下的中东和非洲的边界正在消除。根据《纽约时报》最近一篇关于全球移民危机的文章，全球北部必须做好迎接整个南方移民的准备。这并非只是欧洲的问题，而是整个世界的问题[17]。

建立跨边界临时难民避难所不易。东道国有时对他们持怀疑态度，而排外者巴勒斯坦、约旦和南太平洋后原子岛屿这些地带的经验指出，"暂时"营地容易演变成"永久"的。灌输避难本身就是"暂时的"这一观念难，特别是如果这个营地是在一个富裕的东道国内。与"临时避难"相随的还有东道国内气候难民的行动自由等问题。关切点从人道主义到国家和区域安全的转移会导致气候难民行动自由等的恶化。

环境学者诺曼·迈尔斯指出，大量的气候难民很可能是全球气候变暖所导致的最为重要剧变的最严重后果[18]。随着难民而来的是一大堆不同的宗教和文化习俗。迈尔斯说，安置很难，"完全的同化很少见"[19]。经济和政治动荡可能会激增，民族问题将加倍增长。"政治影响将是广泛的"[20]。无论采取何种形式，重新安置都很昂贵。发展中国家要花费 200 多亿美元来安置气候难民。此外，还需要不菲的财务支出来应对重大流行性疾病和解决食物与水的分配问题。

即使在最好的条件下，重新安置也不是一个容易的过程。安置的成本很高，难民很少拥有在一个新国家开始新生活所需的技能。人们发现，即使在对流离失所者表示同情的战后时期，国家也不愿意接受那些如此庞大而不愿意被同化的群体。正如简·麦克亚当在最近的一篇文章中所说，"过去阻碍搬迁的政治和现实障碍在今天依然存在"。有关重新安置的现代研究表明，这是一个"令人担忧且复杂的任务，而且很少被移民视为成功"[21]。回顾历史，很容易说"时代不同了"。但人们想知道在难民问题上我们是否将不断重复过去的错误。

媒体上充斥着成千上万的叙利亚难民拼死涌入欧洲的消息。短期来看，混乱无疑会占上风。但最终奥地利和德国等欧洲国家会解决住房和吃饭问题并雇用一大批流离失所的人。在前南斯拉夫内战期间，欧洲接纳了来自科索沃和巴尔干半岛其他地区的近 90 万名难民。这些难民符合《日内瓦公约》关于战争政治难民的界定，并将得到联合国和其他救助机构的援助与最终安置。气候难民目前未接受到任何这样的帮助。但是，这两种难民的困境都将对危机的性质构成威胁，使其从人道主义危机演变为地缘政治危机。今天，许多人在西方寻求庇护，但并不是所有人都会接受，因为欧洲人害怕他们的文化会被来自外国的潮水淹没。

文化反冲

一旦难民安全抵达他们的最终目的地（这些目的地越来越集中在意大利、英国、德国和瑞典），新的问题便出现了。叙利亚难民一直面临欧洲国家文化的冲击。ISIS 对巴黎进行恐怖袭击之后，这种冲击就成为世界性的。但事实上 ISIS 的崛起源于叙利亚的动荡。作为一个来自基地组织的激进逊尼派圣战组织，伊斯兰国利用动乱和与什叶派阿萨德政府的对立在叙利亚建立了地面部队，并摇身变为"伊拉克和叙利亚伊斯兰国"。巴黎恐怖袭击后，对叙利亚和其他中东难民的敌视骤增。

在欧盟，德国是接纳难民政策最为开放的国家之一，接收了 70% 的寻求庇护者。2015 年，德国接收了大约 100 万名难民。随后，因为这一开放政策，德国总理安格拉·默克尔面临着来自德国人的强烈反对，德国的反移民情绪高涨。2015 年夏末，针对难民中心和难民的袭击增多。一座由政府重新装修可收纳数十名难民的公寓大楼被纵火夷为平地。附近的居民不指责纵火犯，而是指责该楼业主对该栋建筑的改造。德国潜在的种族主义浮出水面，特别是当难民进入东德处于后新纳粹时期的白人社区时。

瑞典也出现过类似的暴力行为。北欧的欧盟国家中，瑞典接收叙利亚庇护申请数量中位居第二，是对难民更加宽容和开放的国家之一。但近年来，随着居住在瑞典的难民人数增加，一场敌对的反弹正在酝酿之中。持反移民立场的瑞典民主党的支持率在民意调查中飙升，在 2015 年年底成为最受欢迎的党派。全国各地都出现了排外性的暴力事件。为收容难民准备的楼房被纵火夷为平地——其中一个已经住进难民的楼房被烧毁，14 名寻求庇护者被迫从窗户逃走。其他欧洲国家近来选举出更右的力推反移民政策的议会。波兰和丹麦也加入瑞典行列，反移民情绪不断上涨。

排外情绪绝不仅限于欧盟。在埃及，叙利亚难民最初受到伊斯兰总统穆罕默德·穆尔西（Mohamed Morsi）的欢迎，直至他在 2013 年夏天被驱逐。在那之后，政府错误地将与许多叙利亚难民观点一致的反对派叙利亚自由军与叙利亚暴力联系在一起，叙利亚人受到警察的骚扰，在大街上越来越多的叙利亚人被抢劫，受到歧视，并被政府压制。当时，对叙利亚难民唯一友好的国家是也门，但也门整个国家不稳定，还处于从自身叛乱恢复之中。

美国总统唐纳德·特朗普呼吁禁止所有穆斯林进入美国，这揭示了美国国内令人不安的排外真相。很大一部分共和党人支持特朗普。在总统竞选期间，各州州长宣布他们不会接受叙利亚难民，尽管美国先前已允许令人尴尬的一小部分叙利亚难民进入（自 2011 年以来接纳的难民数不到 3000 人）。2016 年，美国国务院计划把其接纳的叙利亚难民数提升到大约 1 万人，但反对声非常明显，因为各州的反穆斯林情绪都在增长。

美国的排外心理始自建国时。甚至在殖民时期，本杰明·富兰克林就警告说，德国移民潮可能会淹没殖民时期的英式美国社会。富兰克林担心美国人最终会说德语。美国人总是对他们中间的移民感到不舒服，即使他们自身就是移民组合的一部分 [22]。美国人原则上同意人道主义观点，但不愿意把其付诸实践。从历史上看，美国人对天主教徒特别是爱尔兰天主教徒、犹太人和通常来讲深色皮肤的移民一直持怀疑态度，意识形态也扮演了排外的角色。1950 年之后的冷战触发了对美国国内共产主义和所有社会主义意识形态的强烈恐惧。20 世纪 50 年代，来自暴乱国家（如匈牙利）的难民被美国接纳，这是因为政府动用了紧急权力，而不是把他们作为难民来欢迎。越南战争后，美国人不愿意接纳越南难民，部分原因是出于对东方民族的恐惧，这种恐惧从美国 19 世纪的排华法案颁布时就开始了。

如果我们从一种长期的历史观点来看，那就是我们当前这些政治领袖的排外心理植根于美国文化。在美国总统中，巴拉克·奥巴马和吉米·卡特是仅有的两位向现代难民伸出友好之手的国家领导人。卡特总统在 1980 年签署《难民法案》时提及了美国 "为因迫害和政治动荡而流离失所的人们提供避难所的优良传统" [23]。然而，鉴于目前美国的本土主义情绪，这一政策并非完全准确。

叙利亚难民危机正在产生全球性的影响，其惨重的巨大数量由于气候变化而加剧。虽然专家们可能还会为这些难民是否是正当的"气候难民"而继续争吵，但毫无疑问的是，气候变暖不仅对中东政治稳定性的破坏推波助澜，而且在非洲、亚洲和其他地方有可能变本加厉。着眼于未来数十年内的气候变化，这是一股值得重视和考虑的力量。

虽然叙利亚难民危机明显，效果清楚，它只是因气候变化导致危机加剧的一个结果。中东许多地区面临全球气候变暖的威胁，这些威胁相似又独特，这可能会引发另一场难民危机。如果整个世界只能勉强应对叙利亚危机，当这种情况变得更加普遍时后果会如何？其结果不会太好。

耶鲁大学历史学家蒂莫西·斯奈德（Timothy Snyder）指出，气候变化带来了严重的社会危险。一个像中国这样拥有超过 10 亿人口的国家很可能会陷入"生态恐慌"，继而采取措施保护居民及其生活水平[24]。为了保障人们的食品安全，中国已经在其他国家购买或租用土地。当全球供应紧张时，尽可能买进粮食[25]。然而，需要粮食和土地的国家可能很容易影响到当地居民的生活。斯奈德认为，需要土地的国家开始可能会通过谈判来租赁或购买，但在土地情况出现变故时，可能会引发其他矛盾。[26]

在黑暗中穿过镜子

虽然近一个世纪以来，在处理各国人们跨国迁移方面做了努力和经验积累，但是敌对移民的老问题依然存在。此时此刻，随着移民危机在欧洲的恶化，欧洲似乎正在分裂。尽管有众多对移民人权公约明智的呼吁，欧盟国家提出的唯一一个双方同意的战略是对土耳其境内的数以百万计的移民提供照顾费用并把他们留在那里。巴尔干半岛的方法是在匈牙利、斯洛文尼亚、克罗地亚和马其顿建立边境围栏。与此同时，德国接纳 100 万名移民的慷慨举动遭到了本土主义的强烈反对，这有可能使默克尔总理的职位不保，并关闭欢迎移民的大门。

人道主义机构认为，有计划或管理下的搬迁越来越被视为一种合乎逻辑且合法的气候变化适应策略 [27]。批评人士担心难民"集中营"出现在他们的国家，而这一想法的支持者则认为，有管理下的搬迁是环境危害袭击后的一种文化植入、适应和复兴。提高公众在全球认识的基础上对该问题及其社会和经济影响的意识非常重要。人们需要认识到，气候难民首先是真正面对困难的人，他们并没有到一个新的国家去"偷窃"人民的生计 [28]。国家元首和人道主义机构领导也需要具有这种意识。我们今天面对的一个基本问题是，从一个环境被破坏的地区移民到一个更加繁荣的地区经常被作为一项"人权"来拥护，但当前国家保护其边界的权利被写入国际法。人们是否可以在灾难环境中被允许进入另一个国家并寻求帮助和不定期停留是一个关键问题。

今天，在德国的威斯巴登市，你可以看到伟大的坚固城墙的遗迹，该城墙是在罗马帝国衰落的日子里为将野蛮人抵挡在外由古罗马的百人长所建。随着时间的推移，该城墙在完成使命上的失败出了名了。哥特人、西哥特人和其他部落的人涌入了罗马的领土，帝国崩溃。今天，有这样一个幽灵正在欧洲游荡：一个充满骄傲、乐观和道德的欧洲成为气候变化和人口结构的牺牲品。在巴黎、罗马、布鲁塞尔、斯德哥尔摩和柏林，大街上的人们提出的问题如出一辙："欧洲能保护它的公民吗？欧洲能保护它的边界吗？"

气候难民来自不同的阶级和文化。对多样化人口的大规模迁移的恐惧引发了关于公民权和国籍的根本性问题。一旦失去土地，残留的国籍能够坚持吗？在大规模疏散的情况下（如对岛国而言），被遗弃的国家的专属经济区、领海和国家地位将会如何？为一个国家开辟新的空间不是易事。以色列、巴勒斯坦、乌克兰、巴基斯坦和孟加拉国的经验都证实了这一点。

布鲁金斯学会最近的一份报告指出，太平洋岛国被认为是"气候变化影响的晴雨表" [29]。对这些岛屿的人们来说，气候变化意味着对他们家园和生计的攻击。举例来说，太平洋南部库克群岛的居民不愿意因为海平面上升而离开他们的家园。他们担心如果离开他们的岛屿，他们的整个生活方式，包括语言和习俗，将会灭绝。难怪那些太平洋岛国的领导人，像基里巴斯共和国的汤安诺一直冲在要求发达国家减排的前沿。岛上的居民也在探索通过改变当地的基础设施来适应气候变化的方法，这包括防波堤及阻挡海滩侵蚀的新技术，如种植结实的海岸草和重建湿地。

跨境移民意味着失去家园，这是一个敏感的问题，特别是在墨西哥和拉丁美洲的其他地区，干旱和风暴已驱使数百万人向北迁移到美国。如今，尽管面临来自气候、金融和政治等方面的许多困难，墨西哥人仍在重返家园。根据皮尤研究报告（Pew Research Report）最近的一项研究，自 2008 年经济衰退后，从美国返回墨西哥的人数超过了移民到美国的人数："2009—2014年，100 万名墨西哥人和他们的家庭（包括在美国出生的孩子）离开美国返回墨西哥。"[30] 这一数字超过了移往美国的 87 万人。用墨西哥人自己的话说，他们返回墨西哥的原因是保护其家园和家庭。例如，艾尔蒙特市的墨西哥人很难在几代人之间维持他们的文化。令祖辈失望的是，墨西哥裔美国青年接纳了美国主流文化的属性。因此，正如简·麦克亚当所阐释的，墨西哥移民与库克岛居民共有很多相同的关切[31]。

政府间气候变化专门委员会 1998 年的一份报告指出，海平面每上升1 米就会淹没孟加拉国 300 万公顷的土地，导致 1500 万 ~ 2000 万人无家可归。越南的湄公河三角洲可能失去 200 万公顷土地，最终导致近 1000 万人无家可归。在西非，海平面上升 1 米将淹没近 70% 的海岸。此外，在中国上海，海平面同样的上升会导致该城市 1700 万人口中的近 600 万人无家可归。还会有国际移民安置公平委员会来帮助这些人吗？

未来，其他类型的移民将来自这些不复存在的国家——有的沉入了水位上升的大海之中，有的成了海啸、洪水或沙漠化的牺牲品。风暴使河流水位上涨，冲走了土壤，形成了新的洪泛区。在不断改变的环境地貌上经济生存越发成为问题，众多关于这些移民的问题出现了。整个国家都能收拾残局离开吗？如果他们的国家在地图上不复存在了，其公民是否可以生存？

正如麦克亚当所指出的，如果没有应对由气候变化带来的问题的系统方法，"会有这样的危险：地区性的关注将被稀释或同化成某种抽象的'普遍经验'，随着细微差别的失去，适当的干预也会抛弃"[32]。

问题是，这些临界点是否会导致"环境庇护寻求者"的激增，或者气候变化是否只会导致可控人口的增长。如果难民大量出现，他们会有避难所吗？这一问题过去的历史并不令人欣慰。

参考资料

Amanda A. Doran, "Where Should Haitians Go—Why Environmental Refugees are up the Creek without a Paddle," *Villanova Environmental Law Journal,* 22(11), p. 132, available at http://digitalcommons.law.villanova.edu/cgi/viewcontent. cgi?article=1015&context=elj.

[1] International Organization for Migration, "A Complex Nexus," http://www.iom. int/complex-nexus.

[2] Associated Press, "Katrina Evacuees' Welcome Wearing Thin in Houston," March 29, 2006, http://www.foxnews.com/story/2006/03/29/katrina-evacuees-welcome-wearing-thin-in-houston.html.

[3] Ibid.

[4] Ibid.

[5] Stephen Kleinberg, "Four Myths about Katrina's Impact on Houston," August 26, 2015, https://urbanedge.blogs.rice.edu/2015/08/26/four-myths-about-katrinas-impact-on-houston/#.WI9647YrKRs.

[6] Ibid.

[7] Neena Satija, Kiah Collier, Al Shaw, and Jeff Larson, "Hell and High Water," Pro-Publica, March 3, 2016, https://www.propublica.org/article/hell-and-high-water-text.

[8] Amanda A. Doran, "Where Should Haitians Go—Why Environmental Refugees are up the Creek without a Paddle," V*illanova Environmental Law Journal,* 22(11), p. 132, available at http://digitalcommons.law.villanova.edu/cgi/viewcontent. cgi?article=1015&context=elj 132.

[9] Ibid.

[10] Henry Chu, "For Germany, Refugees Are a Demographic Blessing as Well as a Burden," *Los Angeles Times,* September 10, 2015.

[11] Jon M. Jachimowicz, "The Link between Europe's Migrant Crisis and the Climate Change Debate," *Fortune,* November 11, 2015.

[12] Roberta Cohen, "Human Tide: The Real Migration Crisis," Christian Aid Report,

May 2007: 30, https://www.christianaid.org.uk/Images/human-tide.pdf.

[13] Ibid: 31.

[14] Ibid., p. 37.

[15] Ibid., p. 40.

[16] Ibid., p. 41.

[17] Rod Norland, "A Mass Migration Crisis and It May Yet Get Worse," *New York Times*, October 31, 2015, https://www.nytimes.com/2015/11/01/world/europe/a-mass-migration-crisis-and-it-may-yet-get-worse.html.

[18] Norman Myers, "Environmental Refugees in a Globally Warmed World," *Bioscience* 43, no. 11 (1993): 752.

[19] Ibid: 759.

[20] Ibid.

[21] Jane McAdam, "Lessons from Planned Relocation and Resettlement in the Past," *Forced Migration Review* 49 (May 2015), http://www.fmreview.org/sites/fmr/files/FMRdownloads/en/climatechange-disasters/mcadam.pdf.

[22] For good background on this, see Peter Schrag, *The Unwanted: Immigration and Nativism in America*, ImmigrationPolicy.org, September 2010, http://www.immigrationpolicy.org/perspectives/unwanted-immigration-and-nativism-america.

[23] Jimmy Carter, "Refugee Act of 1980 Statement on Signing S. 643 Into Law," http://www.presidency.ucsb.edu/ws/?pid=33154.

[24] Timothy Snyder, "The Next Genocide," *New York Times,* September 12, 2015, https://www.nytimes.com/2015/09/13/opinion/sunday/the-next-genocide.html.

[25] Ibid.

[26] Timothy Snyder, "The Next Genocide," Sunday Review, *New York Times*, September 12, 2015, https://www.nytimes.com/2015/09/13/opinion/sunday/the-next-genocide.html.

[27] Brent Dobersteain and Anne Tadgell, "Guidance for 'Managed' Relocation," *Forced Migration Review* 49, p. 27, http://www.fmreview.org/sites/fmr/files/FMRdownloads/en/climatechange-disasters/doberstein-tadgell.pdf.

[28]　Fabrice Renaud et al., "Environmental Degradation and Migration," *Berlin-Institut für Bevökerung und Entwicklung,* http://www.berlin-institut.org/en/online-handbookdemography/environment/environmental-migration.html.

[29]　Michael M. Cernea, Elizabeth Ferris, and Daniel Petz, "On the Front Line of Climate Change and Displacement: Learning from and with Pacific Island Communities," Brookings Institution Report, London School of Economics, September 20, 2011: 1, https://www.brookings.edu/wp-content/uploads/2016/06/09_idp_climate_change.pdf.

[30]　Ana Gonzale-Barrea, "More Mexicans Leaving Than Coming to the United States," Pew Foundation Report, November 19, 2005 (material provided by Mexican National Survey of Demographic Dynamics).

[31]　Jane McAdam, "Pacific Islanders Lead Nansen Initiative Consultation on Cross-Border Displacement from Natural Disasters and Climate Change," Brookings Up Front Report, May 30, 2013, https://www.brookings.edu/blog/up-front/2013/05/30/pacific-islanders-lead-nansen-initiative-consultation-on-cross-border-displacement-from-natural-disasters-and-climate-change/.

[32]　McAdam, "Pacific Islanders."

第十章

未来的发展方向

没有一个国家能与世隔绝，在任何国家或城市富人都不能对穷人长久地设防，所有的边界都可渗透。

——前英国驻联合国大使克里斯平·提克尔（Crispin Tickell）

我们这个时代的本质特征是地球上环境难民的激增，搞清楚这一点，其他问题便产生了。一旦因其所处环境中破坏性的风暴、不断扩大的沙漠、短缺的水资源和高危毒物而变得无家可归，这些难民将发现他们处于一个什么样的世界？世界各国准备为此做些什么？[1]

我们如何衡量过去几十年发生在这个星球上的事情？我们今天的处境如何？根据科学估计，由于气候原因（如海平面上升、恶化的水资源短缺和沙漠化等问题）而可能迁移的人数到 2050 年为 0.5 亿 ~ 3.5 亿[2]。无可否认，这是难以被吸收的数字。但现实却在沉缓前行，并非科学所能预测。其他评估的估计也很明确。例如，我们知道，主要来自非洲撒哈拉以南地区的 1.35 亿人面临严重的沙漠化威胁。诺曼·迈尔斯写道，在非洲和其他地方，我们看到了"边缘人们被迫进入边缘环境的现象"[3]。这些寻求生计的人们正在进入太干或太陡的土地。其他人则用刀耕火种的技术快速砍伐森林，在迅速退化的土壤中生存。

我们应该认识到，气候难民危机发生于富裕国家支出贫乏的背景下，特别是在美国。例如，2014—2015 财年，美国约 1% 的国家预算被用于国外援助，这一援助的最大份额流向了以色列、埃及和阿富汗 [4]。我们所描述的世界各地可悲的情况并非只是我们无法控制的经济和技术力量的结果，也是只顾自身利益的国家有意为之的结果。加拿大公共卫生专家萨曼塔·纳特（Samantha Nutt）在其《该死的国家：贪婪、枪支、军队和援助》中对国外援助的日趋军事化和她所称为"旅游"的人道主义行动（如向贫困地区发送不适当的西餐和补给品）深表遗憾。她声称，相对于派送一船一船的鞋子、二手 T 恤衫及不能用脏水冲泡饮用的奶粉，教育，特别是针对发展中国家贫困地区妇女的教育能更好地帮助脱贫 [5]。随着国外援助逐步接近国家预算的 1%，欧洲和其他西方国家担心援助是否将迫使他们在各自的国家提高税收。这是一个永恒的热门政治问题。

如果我们承认全球气候系统的可变性，就应该记住社区和国家是多么容易被破坏。一种方法可能是有一个国际机构协定，界定基于环境威胁的直接性难民保护的程度规模。人们可以寄希望那些因环境事件而流离失所的人，当风暴和洪水平息后，能返回到他们的家园，但海平面上升将永远在持续。新西兰环境律师安吉拉·威廉姆斯（Angela Williams）的结论是，因环境变化而流离失所者的概念不太可能被纳入《难民公约》现有的框架内 [6]。到目前为止，气候难民的困境仍在继续，在很大程度上没有得到国际社会的认可和支持 [7]。自《京都议定书》签订以来，难民组织要求有关难民适应活动的新区域合作计划。可以肯定地说，气候变化的现象现在已经形成了一种新的、独立的需要得到国际法律体系认可的难民类别 [8]。目前，美国、新西兰、澳大利亚、加拿大和其他国家正对气候难民问题采取一些零散的方法。由于针对该问题缺少一个清晰的、程序化定义的方法，这些国家实际上是在为处理气候难民问题开脱责任 [9]。

预测和数据库

目前，对于因突发性灾害而流离失所的人的数量，我们的认识有限。由于政府追踪系统不当，这些问题依然没有答案：人们因环境灾难而流离失所的次数、去向及其最终是否回家了[10]？环境危险在哪一关键时刻成为形成气候难民的临界点？例如，我们需要确定在已被持续的政治不稳定所困扰的索马里，干旱如何和何时引发了饥荒。乔治敦大学国际移民教授苏姗·马丁提到，为了识别弱势群体，科学家主张有更好的预测工具，以帮助识别来源地和目的地的弱势群体[11]。玛利亚·瓦尔丁格（Maria Waldinger）和山姆·范克豪泽（Sam Fankhauser）也在其最近关于气候变化的有价值的研究中指出，"世界各地移民模式的最重要的驱动力之一是收入差距"。气候变化对增加"收入差距"有很大的影响，这意味着最贫穷和高危（已处于危险之中）的人群将进一步受到气候变化的损害[12]。

从历史上看，西方援助难民的努力一直带有怀疑主义色彩，但不是愤怒。脱离了当地的环境，各国政府和国际机构所公布的"难民"这个术语的定义演变在很大程度上由政治和意识形态关切所驱使。本杰明·德格拉恩（Benjamin Glahn）在萨尔茨堡全球研讨会上指出了这一不幸后果：没有对"气候难民"的官方定义，在国际法中缺少某种形式的官方认可，因气候变化而在国家间被迫迁移的人们有可能会继续像国际律师协会所说的那样，"几乎被国际体系视而不见……不能证明其在本国所受的政治迫害，他们完全失去了庇护法的保护"[13]。

濒危的规则

具有 30 年历史的欧盟申根协议是欧洲难民危机的核心，该协议允许一个人在欧盟幅员辽阔的地区（北至瑞典，南至意大利）旅行，而不用出示护照。繁荣的国家如瑞典、荷兰和法国对通过申根地区领土的移民没有控制，因此无法控制谁进出他们的国家。几十年来，申根国家间一直相安无事，主要是在整个欧洲发达国家的移民大多是欧洲人或中产阶级。自 1985 年以来，该地区关于旅行证件的检查已被取消。2007 年，东部地区 9 个欧盟国家内旅行和内部边境管制大多也取消了。

大量涌入欧洲的移民已使申根协定的未来岌岌可危。许多欧盟国家的部长已同意推进暂停申根免护照旅行区 2 年，然后在国家边境处实施新的边境检查计划[14]。时任奥地利内政部长的约翰娜·米奇－莱特内尔（Johanna Miki-Leitner）声称，"申根体系处于崩溃的边缘"[15]。在反移民的浪潮中，瑞典提议关闭通往丹麦的大桥。根据丹麦最近通过的一项法律，把难民运进瑞典边境属于偷渡犯罪[16]。据《金融时报》报道，官员们讨论了这样一种可能性："实施迫使希腊公民在飞往欧洲其他区域时接受护照检查的举措，这实际上是把希腊暂时踢出了申根区。"[17]

着眼于欧盟的未来，申根协定必须大幅修改或废除。当前的难民危机已使过去不可想象的事情成为可能。相对于那些可接触现代通信的绝望、贫穷的人们的迁移动力而言，申根协定已落伍。目前，一切都取决于对希腊—土耳其边境的保护。如果当前欧盟为土耳其难民的安置埋单的计划失败，欧盟部长们可能会敦促在两年内关闭国境（图 10.1）。

目前的移民政策甚至无法处理所涉及的数字[18]。同时，因为货物、服务和金钱的自由流通受国际协议的保护，拒绝给予人们同样的权利，这看起来似乎违反常理[19]。然而，目前的迹象并不乐观。国家对气候难民的保护有其自身的界限。声称难民能在自己的国家内居住的人忽视了 3 个事实：首先，这些国家的政府启动的大坝工程涉及很多村镇数千人的强制迁移。其次，整个国家——或者国家的大部分——可能变得不适合居住，或完全消失。最后，政府可能只是缺乏资源来应对。利比亚当前的无政府状态和叙利亚的内战就是这方面的例子。

新经济基金会的莫里·柯尼斯比（Molly Conisbee）和安德鲁·西姆斯（Andrew Simms）简要总结了这个问题："全球化并非只意味着快速的资本转移和无限制的廉价旅行，也不意味着把世界当作游乐场、博物馆或超市来对待。它意味着我们不能忽视我们的邻国。"[20]

我们所知道的"难民成功故事"是印度的昌迪加尔案例。20 世纪 50 年代，印度政府委任著名的法国建筑师勒·柯布西耶（Le Corbusier）为来自巴基斯坦的 6 万名难民设计了一座城市[21]。这座精心规划的城市让步行者和开车者都很高兴，对于印度那些交通拥堵的城市而言可谓一剂清新剂。今天，与难民相比，勒·柯布西耶沉重的混凝土结构更是法国艺术家自我主义的证

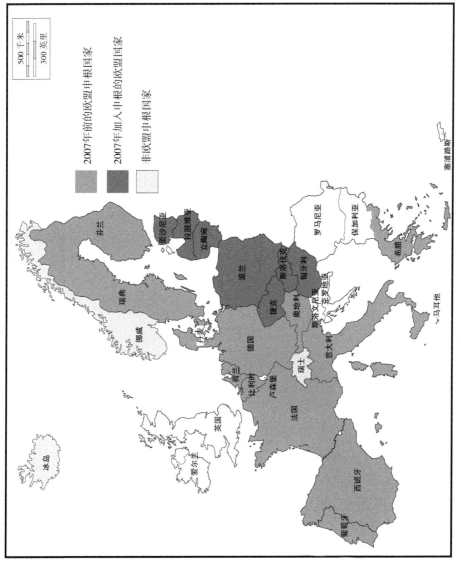

图 10.1　申根协定国家

明。难民已经长期定居下来了，但是昌迪加尔现在更为外界所知的是，军队在这里集结以应对旁遮普地区可能发生的冲突，从他们祖先的土地上被驱逐然后奔赴昌迪加尔的 6000 名农民家庭却很少被提及。

新思想，新政策

首先也是最重要的是，为了移民的分类和处理，接收了大量气候难民等的发达国家不得不在国际上制定标准。负责气候难民工作的机构将需要确定某人是难民还是投机移民者，并检查其老家环境进程的严重性，以确定其是否有可能重返家园。目前，许多机构在考虑一个多方面的政策方针来处理环境退化和被迫迁移两者间的关系[22]，该政策的组成部分如下：在环境退化和被迫迁移两者间的关系方面，需要资助一个长期的科学研究[23]。

随着难民数量的增加，其中一个道德方面的问题是，有组织的国家如何处理人口贩卖问题。保护流动人口的区域自由行动协议在非洲以外的国家并不存在。由难民倡导者支持的无国界和以人们为中心的目标与其实施还相距甚远。实际上，目前数百万难民对"无国界"西欧的袭扰可能会使流离失所者的重新安置更加困难。由于大多数流离失所的移民生活在或接近贫困线，他们受气候变化的影响更大。在农业地区，由于干旱使人口难以维持生计，食物不安全感上升，维持很难。在维持生计的社区中，关键是不要强迫人们搬迁，而是要制定出能让他们留住同时妥善保护好他们的文化和社区的政策。例如，水设施的改进在防止社区成为灾区方面会大有帮助。其他策略如试图对抗土壤侵蚀的措施和人们可以学习新技能以在其所在环境中维持自身的发展中心近来得以推广。

非洲许多国家有为因沙漠化或洪水而流离失所的人口开发临时避难所的强大传统。2002 年，刚果民主共和国尼拉供戈火山大肆爆发，那些逃离者被允许留在乌干达直至可安全返回为止，尽管当时他们没有获得难民身份。联合国难民事务高级专员所指出，临时保护是为那些逃离人道主义危机的人们提供避难所的实用工具[24]。

由于许多气候难民最终将定居在城市地区，许多城市基础设施将因无法应对涌入的人群而崩溃。因此，我们需要对世界级城市给予高度重视，这些城市需要进行基础设施维修。在住房、卫生和公共安全方面，如果气候难民是被迫集聚在像班图人那样被隔离的城市贫民窟内，国际援助对于在发展中国家和发达国家中的大城市挤作一团的人们将不会有多大价值。

罗马就是一个例子。从大竞技场附近的城市中心乘电车一段时间，高档公寓和公寓大楼让路给破败的定居点——首先是亚洲社区，最后是来自撒哈拉以南地区人们所居住的荒凉的、令人沮丧的楼房。城市里的那些受教育程度低、没有朋友、不熟悉语言和文化的移民铺开他们微薄的毯子、篮子和小装饰品在城市的人行道上向游客和行人出售商品。同时，9个以上的发达国家（几乎 1/3 的发达国家）正在采取措施限制来自发展中国家的气候难民。以下是我们认为将对气候难民问题产生影响的一些政策性回应建议。正如尼古拉斯·斯特恩爵士所辩称的那样，深思熟虑的政策性行动是必需的。

对气候难民的政策回应

对目前有关这一主题的文献的回顾，显示了针对气候难民的可能补救办法。首要的是对自 20 世纪 60 年代以来一直没有修订过的《日内瓦公约》进行更新，以补偿生态债务。这可以从人均可持续的化石能源水平上达成一致，通过提高效率来减少排放。而对碳基电力的需求可以通过采用清洁技术来改变。例如，通过定价和税收，煤炭可以得到更好的监管和控制。这将有助于厘清一些国家对煤炭的过度消耗。这种消耗加重了发展中国家部分地区的污染，助长了难民负担。防止环境退化的任何政策，如植树造林项目，应立即行动起来实施。正如《斯特恩报告》所指出的，"相比交通领域，世界各地自然森林的消失对全球的影响更大"[25]。

曾是英国苏塞克斯大学法学院的学生、现新西兰的一位国际环境律师安吉拉·威廉姆斯（Angela Williams）在她关于气候变化难民和国际法的研究中认为，国家可以找到解决这个问题的途径。她指出，各国之间已经达成了国际协议。如《联合国海洋公约法》涉及 130 个国家和 13 个区域性项目，该公约的主要目的是通过条约和行动计划保护它们共享的海洋环境。安吉拉·威廉姆斯认为，各国都有可能找到类似方法解决气候难民问题[26]。

在诺曼·迈尔斯深获好评的报告《环境难民》中，有力地提出了一个解决气候流亡者／难民问题的明智方法："我们不能只是因为没有制度化的处理环境难民问题的方式就继续忽视之。"[27]迈尔斯认为，首要的是，我们要看一看问题的根本原因，并用其称为的"高招"来解决。外国援助应特别针对改善产生环境难民的潜在的经济和政治形势。他指出，今天，拥有世界上超过2/3的"最穷人"的10个发展中国家只接受了1/3的外国援助[28]。当论及外债时，世界银行和其他金融机构需要停止把这些国家只当作是另一个信用账户。当需要债务减免时，太多的资金被从发展中国家以债务服务的形式提取了。迈尔斯建议，通过"债务和环境互换"为贫穷国家提供某种形式的债务减免[29]。

其他形式的救济可能是铲除政治腐败，将军费开支降至1970年的水平。简单的政策举措，如在环境濒危的贫穷国家植树，可以提供木材和木柴，并通过预防土壤侵蚀为农作物提供防风林和恢复流域提供额外的好处。Myers的结论是："无论是发达国家还是发展中国家，压倒一切的目标必须是通过给身处糟糕环境的人们提供可接受的生活方式，以减少他们移民的动机。"[30]

弗兰克·比尔曼（Frank Biermann）和英格丽·博厄斯（Ingrid Boas）在《全球环境政治》杂志上撰文，提出了治理气候难民危机的动态模式[31]。虽然奇特的环境灾难事件不可预测，但气候难民的治理可以组织得更好、更有计划。当论及气候难民时，太多的重点放在了灾难应对和减灾计划上。弗兰克·比尔曼和英格丽·博厄斯主张的不是减灾计划而是"长期的有组织的、自愿性的重新定居"[32]。他们指出，从长远来看，大多数气候难民将无法返回他们的家园。因此，需要一个体制框架来把大多数气候难民构想成"接收国家的永久移民"[33]。

而且，正如其他人已经指出的那样，这个组织必须集中精力保护各国领土内的人民，发达国家将不得不承担更多的费用来维持因其自身国家的环境或气候事件而流离失所的人们的生活。建立这个新组织的唯一危险是它将会变成另一个带有民族主义和经济争论的官僚机构。然而，如果联合国最终接纳一个有关"气候难民"的改革协议，该制度是可以成功的。正如比尔曼和博厄斯所指出的，"在 21 世纪处理数百万气候难民的安置问题不仅需要一个新的法律制度，而且需要有一个国际机构来处理这项任务"。[34]

对气候难民进行法律和人权保护的最为大胆的建议之一出现在邦妮·多彻蒂（Bonnie Docherty）和泰勒·詹尼尼（Tyler Giannini）在《哈佛环境法》上发表的一篇文章中[35]，他们认为，气候变化是全球性的，国际社会不仅要承担减轻气候问题的责任，同时也要帮助遭受了暴风雨袭击的气候难民。邦妮·多彻蒂和泰勒·詹尼尼主张一种"在危机到来时可以实施的创新的、国际化的和跨学科的方法"[36]。现有的国际法律框架无法解决正在迁移的数百万人的危机。他们认为，最好的解决办法是创建一个与联合国难民事务高级专员公署独立和平行的公约[37]。新公约将有一个与联合国难民事务高级专员公署非常类似的委员会，该委员会拥有解决气候难民问题政治和财经权力，并寻求解决办法[38]。这是一个如此新颖和重要的问题，因为在天性上缺乏联合国难民事务高级专员公署保护的气候难民需要一个新的组织来处理他们的问题。该问题的解决迫在眉睫，因为许多像马尔代夫一样的小岛和像孟加拉国这样的三角洲地区将在不断的涨潮下很快消失。

这些学者的底线是当前的气候变化法律和难民法律都不能精准地解决气候变化难民的问题。用他们的话来说，"气候变化是一个目前尚缺法律解决方案的实际问题"[39]。当前，联合国对气候难民提供的制度性保护很少。值得注意的是，联合国难民事务高级专员公署并没有试图协调解决可能导致武装冲突和增加人口流动的跨境气候难民问题。多彻蒂和詹尼尼提出了一种兼具临时性和长远性的解决难民重新安置问题的新方法。气候难民的新公约将涉及环境破坏和人类行动间的联结。

他们的法律方法将汇集 6 项要点，凭此标准来认可一名难民是否是气候变化的受害者：①被迫迁移；②临时或永久搬迁；③国家间的迁移；④确因气候变化而扰乱了生活；⑤突然或逐渐的环境破坏；⑥更有可能是人为因素造成的破坏。[40]

多彻蒂和詹尼尼指出，随着以快速而有效的方式来阐述和解决问题的新型国际管理方式的到位，气候难民可以得到帮助并以新的重要方式重新安置。这项新公约将确保气候难民的合法身份和向其提供帮助，并迫使所有国家以"有约束力的预付捐款"分享帮助这些人的财务责任。可以肯定的是，这种新的国际公约和对立的官僚机构的想法不会让联合国难民事务高级专员公署满意，因为他们倾向于把气候难民仅仅看作是流离失所的人。不过，这种学术性的探究显示了当前关于气候难民问题的人文法律思想的多样性和创造性。

正如比尔曼和博厄斯所说，21 世纪保护和重新安置可能有超过 2 亿名气候难民需要大量的资金，而这些资金将在很大程度上来自西方发达国家（它们也承担了导致全球变暖的大部分责任）[41]，它们将是捐助国。问题是这些国家是否准备好实施这些可能会严重影响到国家财富的计划。只有确立针对气候难民的新的法律责任，国际社会特别是工业化国家才将接受它们的义务。[42] 容易因环境变化、危机和退化而流离失所的人们在世界上最为贫穷，政治能力也最弱。[43]

因为目前没有帮助气候难民的框架或指导方针，他们有与国际难民和移民政策失之交臂的风险。[44] 因为需要时间来慢慢建立"框架"和"惯例"，牛津难民问题学者罗杰·泽特（Roger Zetter）建议在明确和保护移民流离失所前的权利方面（特别是在重新安置和与返回相关的权利方面）采取权宜之计的紧急程序或他所称为的"保护缺口"。[45] 这只有在如下情况下才能做到：有一个政府间机构相互使用的知识库，以提供宣传，提升能力及在公民社会组织间加强沟通。起初是和那些在国内流离失所的移民一起工作，以让他们留在家乡。最后必须有一种国际公认的气候保护机构，以保护气候难民在他们的行动中免受暴力侵害。[46]

南森倡议

在现行法律下，因环境灾难被迫逃离国界的人们无法保证被接纳和获得帮助，更不用说找到解决他们流离失所这一问题的持久解决方案。认识到这样一个可怕的事实后，挪威和瑞士政府于 2012 年联合发起了南森"倡议"[47]。正如学者瓦尔特·卡林（Walter Kälin）对这一问题发表的评论那样，"这样的流离失所不仅产生了法律保护的问题，而且带来了操作、制度和融资方面的挑战"[48]。

南森倡议的目的是在受非法和大规模气候和政治影响的西方国家间建立协商安排，重点关注灾害，特别是气候变化的负面影响。跨越国界的由灾难导致的流离失所对那些被卷入的国家而言是令人不快的生活事实。参加南森磋商的人则试图制定这样一个战略，在可能时防止流离失所，"在不可避免时保护那些流离失所的人们并为其打造持久的解决方案"[49]。南森倡议还指出，法律和政策不足以解决跨境流离失所问题[50]。

南森倡议的一个主要的积极发展方面是它给各国提供了一个按区域和次区域讨论该问题的论坛，而不是小心地避开跨境流离失所问题。南森倡议对移民输出国的基础设施和土地进行了有价值的研究，也在与灾害有关的人口流离失所领域开展工作。到目前为止，南森倡议游离于联合国体系之外[51]。南森倡议的倡导者希望将气候变化和灾难直接回归联合国议程。南森倡议面临的是所有受影响的国家——穷国和富国——所需要面临的形势：为处理气候难民问题提出一套共识和做法。南森倡议的作者们认识到现在必须采取行动。在未来数年里，气候变化将给地球带来不利影响，国家间的利他主义和慷慨行为可能会被钝化。

未来可能的场景

下面是两种情况：一种悲观一些，另一种相对乐观。这些场景只是勾勒出我们现在看到的未来的可能性，绝不是预测。

场景 1

目前，大多数国家都选择共同忽略这个问题。现在，战乱频发的中东国家的移民有如人口海啸席卷欧洲。在叙利亚难民危机以前，为那些寻求避难所的气候移民提供帮助和援助的法律公约与规范并不存在。目前，国际事件的压力正在帮助改变公众对气候难民的态度。但由于政治和文化的压力，这些态度很容易从积极转向消极。处理该问题最为简单的方式是放弃许多用于难民的正式术语。那么，主要的挑战就变为如何为那些流离失所的人们制定安全通道的凭证及处理和安置的规范。此外，气候难民享有联合国宪章里规定的"人权"。

为了日常的目的，需要以某种方式把这些权利讲清楚，以促进对气候难民提供适当照顾的进程。正如联合国难民署何塞·里埃拉（José Riera）所指出的，"一个主要的问题是，国际层面上是否存有开始新进程提出新规范和保护措施的欲望……我怀疑该欲望的存在性为零"[52]。不管国家和政府对权利与协议的感受如何，不变的事实是只要老家的条件无法忍受，难民们就将不断向发达国家迁移。地球上的某些区域处于所谓的气候热点区——地势较低的岛屿、沿海地区和大型河流三角洲，这些地区仍处于遭遇灾难性环境变化的危险之中[53]。

目前，我们一直在讨论法律和规范框架的有无，但是我们如何培养他们的能力呢？罗杰·泽特指出，保护气候难民面临三大挑战："确定流离失所是自愿还是被迫的；是暂时还是长久的；对流离失所的国内保护和国际保护如何不同。"[54]

在这一充满挑战的社会政治大背景下是更重要的进程问题。在语言、政治和文化迥异的国家，如何处理气候难民问题以为其创造一个新的并希望是更稳定和更有成效的生活？具体环境形成了对流离失所的敏感性。像孟加拉国、印度和肯尼亚这样的国家在其独立后不得不处理一系列的经济、政治和环境创伤。在这些国家中，只有国家提供一种带有大量暴力成分的保护机构。像苏丹和利比亚这样的国家在经济上可能非常脆弱，因而它们不能致力于为其难民提供有效的经济和法律保护。在接收国首先需要制订应对气候变化的国家计划。不幸的是，现在有一个术语描述了大多数国家是如何处理该问题的：特别的。

直到现在，西方发达国家仍有意忽视像西非那样的人口现实情况。在西非，经济、政治、暴力和环境恶化交织在一起，很难判断哪个趋势从哪里开始。事实上，整个西非都处在大规模边境动荡之中，这可能会让数百万非洲人踏上迁移之路。长期以来一直是西非经济和安全的稳定力量之一的法国抽身了。石油资源丰富的尼日利亚一直是国家发展的"领头羊"。目前，该国农村人口正在大规模城市化，尤其是在拉各斯市，那里的犯罪、污染和功能障碍使其走上发展中国家的老路[55]。拉各斯有 55% 的人生活在贫民窟，很难或根本无法获得出行、清洁水、电或废物处理的便利。1970 年，拉各斯的人口为 140 万；今天，根据《世界人口评论》，它是非洲最大的城市，拥有人口 2500 万[56]。人口专家估计，按照目前的增长速度，25 年后尼日利亚将有 3 亿人，就和现在的美国人口一样，但其居住的面积相当于亚利桑那州、新墨西哥州和内华达州的大小[57]。与此同时，这个国家正在迅速消耗其资源。人们只能长期忍受带有漂浮的垃圾、蚊子和疟疾的街道，随机发生的暴力，以及通常使人衰弱的环境质量的恶化，直至决定为了更好地生活而开展的罢工发生。

由于环境的衰退和贫穷，像塞拉利昂（Sierra Leone）和科特迪瓦（Ivory Coast）这样的发展中国家正变得混乱不堪，无法无天的私人军队为那里提供最低限度的稳定性。因此，发展中国家的环境成为一个重要的难民问题，同时也成为国家安全的一个主要问题。例如，在世界许多地方，水资源将处于危险的短缺状态，埃及和埃塞俄比亚之间可能会就尼罗河水爆发战争。甚至在欧洲，匈牙利和斯洛伐克之间也就多瑙河的堤坝出现了紧张局势——这是一个种族间的紧张关系是如何因环境纠纷而加剧的典型案例[58]。

多伦多大学一位研究冲突和环境的教授托马斯·荷马－迪克森（Thomas Homer-Dixon）相信，由于环境的变化，地球当前处于激烈冲突的开端。荷马－迪克森说，那些拥有独裁政府和强大军队、被他称为"硬政权"的国家将在未来生存，而那些"软"的、民主民族国家远不那么确定。荷马－迪克森写道，在西方那些光亮、富裕的高科技都市区，资产阶级的繁荣已经平息了大多种族和宗教问题，世界上少数人将在这里生活得很好，但"越来越多的大量人口将被困在历史之中，住在棚户区。他们摆脱贫苦、文化障碍和种族冲突的试图注定由于缺乏饮水、耕地和生存空间而失败"。[59]

在荷马－迪克森看来，中国是环境退化的典型。中国目前的成功掩盖了存在的环境问题。中国内陆水资源的减少将使得人口大规模迁移到已经受到相当大的环境压力的城市地区。德里和加尔各答等其他城市就可以看到空气和水质量的恶化状况。他推测，随着非洲局势的恶化，无论法律和障碍如何，难民将会找到一种摧毁官方边界并带走其宗教和激情的路子。甚至美国和欧洲也会被由气候难民潮所导致的文化冲突所削弱。

随着大量难民开始向北和向西蜂拥移动，一个执政理想的国家可能会败落为在世界地图上与新的人口结构现实几乎没有什么共同之处的专制国家。在未来，拥有 190 个左右国家的世界地图可能会以另一种奇怪的文件身份被归入历史书架上。很少有令人信服的证据表明，除了几个少数的西方工业化国家，作为一个民族国家的治理理念能在我们的时代里被传播和运行[60]。已经可以看到，黎巴嫩、叙利亚、萨尔瓦多、秘鲁和哥伦比亚在它们的民族国家架构中几乎没有工作部门。只要这么说就足够了：这些"准国家"受到了暴力的困扰，地方政府很难保护它们的公民。

这些甚至都没有考虑到 21 世纪将削弱现有国家应对能力的气候的变化。现今自称为国家的那些地方可能堕落为具有高度边缘化人口的文化集合体。这样惨淡的预言对于我们这些在全球范围内人口大规模变化的背景下希望理性与和平的人们来说是一个严重的打击。未来最困难的问题将是公众对于气候作为人口大量流离失所的原因的接受。特别是，埃博拉病毒等新型疾病将在整体上影响公众对难民的决定。考虑到这些问题，我们还应该研究在新环境中分布外来人口、吸纳移民和难民的新方法，以防止难民营、贫民窟和有色人种聚居区的发展（主要是高加索地区）。

北美、欧洲和澳大利亚的许多工业化国家正在寻求把自身当作富人的世外桃源来保护，而杜绝它们被视为不断增长的国际移民运动的单一压力[61]。联合国估计，在当今地球的各个地区，有大约 4300 万名难民处于危险之中，当中约有 2500 万人因自然灾害而流离失所，其中有 1100 万名多是来自苏丹的非洲人。许多人将漂泊在自己的家园，无家可归，其他人将向富裕的国家迁移。有些作家像安东尼·H. 里士满（Anthony H. Richmond）正在使用种族隔离这样的有力类比来描述许多西方国家正在制定的限制和控制移民的策略。他指出，在南非，在论及气候难民的运动时，种族隔离的政治结构已被拆除，但发达国家等似乎热衷于构建与 20 世纪 50 年代南非所开发的极为相似的工具[62]。里士满指出了在西方国家正在实施的下列策略：①保护现有的文化和社会制度；②国家安全；③维护法律和秩序；④保护民族身份的需要；⑤保存经济特权[63]。因此，阻止移民流的主要反应是把他们列为非法或不受欢迎的人[64]。

抵抗"难民袭扰"的方式有边境武装巡逻、计算机数据库、指纹识别及各种形式的旅行证件[65]。技术和全球化孕育了更多的在经济上互相依赖的高速公路，这也加剧了气候难民涌入这些富裕飞地的问题。当然，全球化显而易见的矛盾是：金钱、货物和信息在边界之间相对自由流动，而人则不会。[66]

与此同时，我们正在见证一个充满文化矛盾的变革时代[67]。数百万人在行动，而没有有效的全球性机构来处理这一问题。迄今为止所出现的是，由政治本土主义和媒体掀起的歇斯底里的情绪所产生的"遏制"性短期解决方案。里士满等看到，在未来，面对大量的各类移民，很难维护国家主权。正如里士满所指出的，"所有的界限都是可以渗透的，边界再也不能用墙、铁幕、武装警卫或监视系统来防御"[68]。

场景 2

在教皇方济各（Francis）2015 年的通谕《赞美你》[69]中，提出了一个关于地球共同未来的问题：在没有考虑环境危机和被排除者痛苦的情况下，谁能声称自己正在打造一个美好的世界呢？这个问题或许比任何科学家或哲学家提出的问题都要好。[70]方济各认为，需要关于地球的未来的新对话。随着地球"开始变得越来越像一大堆污秽的东西"[71]，西方的"一次性"文化必须受到约束。方济各指出，"一次性"指的是对整个地球会带来负面影响的由于"良心的麻木"把人们和环境看成是大众消费的消耗品[72]。"一个真正的生态方法必定是一种社会手段，它必须整合环境债务的正义问题，以听取地球和穷人的哭声。"[73]

方济各指出，他特别关注的是，"试图逃离环境恶化所导致的不断增长的贫困移民的数量在可悲地上升"。[74]这些移民"不被国际公约认可为难民，他们失去了过去的生活，却享受不到任何合法的保护"[75]。而可悲的是，人们普遍对这种痛苦无动于衷。他指出了未来几十年世界水资源严重短缺的问题："可以想象的是，大型跨国公司对水的控制可能会成为 21 世纪一个主要冲突根源"。[76]他注意到，全球"南北"之间存在一个真正的"生态债务"。它与政府决策的商业失衡及某些国家在长时间内过度使用自然资源有关。他哀叹道，"地球正被一种愉快的鲁莽所掠夺"。[77]

梵蒂冈支持为地球创立一个新的社会和环境范式。通过宗教的劝说，该范式寻求超越传统市场文化中的得失进入社区领域。《赞美你》是梵蒂冈支持该范式的强有力的声明。然而，西方发达国家是否愿意改变它们的生活方式和目前的消费模式以实现方济各的社区远景的这一问题依然存在。世界上最大教堂的发言人面对圣经里谈及的人类生存的问题是恰当的。

考虑到《赞美你》，现在需要澄清和重新定义针对那些在环境灾难后跨越边界的人们的联合国的法律框架。另外，联合国的官僚机构因"帝国内部的帝国"而臃肿不堪，迫切需要重组。与区域倡议类似的多边条约也需要付诸实践，以确定环境难民的待遇标准。此外，我们需要为环境难民制定超越当前联合国策略的庇护政策。一些国家可由国际机构提供资助，为那些因环境变化而背井离乡的人们提供临时保护制度。

未来日程

我们现在生活在地球上的方式是对环境道德的侮辱。我们污染和毒害地球，而地球上的绝大部分人口被视为一大堆无关紧要的、可随意以尽可能低的成本使用的微小的经济工具。再加上这个明显的事实：那些曾经处于文明、民主前沿的国家现在屈从于应对气候难民等类型难民的专制、排外的解决方案。

在美国，政客们对真实世界有着惊人的无知，几乎完全集中在明显的党派问题上。环境问题和气候难民的困境被可悲地排在国会的行动名单最后。他们认为气候变化只不过是一个人为的科学骗局，这一想法在美国各州和国家立法机关内依然盛行。

美国似乎正在滑入其跨大西洋债券旋涡之中，欧洲国家已经让几个逃亡的伊斯兰歹徒吓得不知所措。自内战以来，美国没有经历过敌对军队对其领土的入侵。因此，长时间的国内和平制约了它对世界的看法。经历过这样震惊的人很少活到今天：在第二次世界大战后看到我们中间那些无家可归的人的胳膊上刺有集中营的号码。在美国，如果要了解作为一名难民的可怕现实，我们必须求助于像科马克·麦卡锡（Cormac McCarthy）写的一样的反乌托邦小说《路》。

与此同时，当地球上数百万人计划着拼命逃脱干旱、淹没和腐烂的场景时，我们应该做些什么？在历史上最富戏剧性的人口变化之一的一段时间内谁将担负领导责任？当我们克服困难前行的时候，我们应该感激我们的子孙后代，是他们在努力处理由全球移民引发的问题。我们在这本书中讨论过的许多国家都失败了或丧失了功能。如果有什么事情要做，那些"事情"也要来自发达国家。接下来给出的是一些能帮助在一个动荡不安、日益移动的世界中指点生存之路的评论。

联合国向何处去？

我们以有点儿希望的调子作为本书的结束。我们意识到希望不是未来的实用策略，而是基于史实的感觉。首先，欧洲有与难民打交道的悠久历史，尽管有些部分是肮脏的，但欧洲过去曾以某种接近体面的方式处理过其难民人口问题。其次，关于气候难民问题，只有一个国际组织具有这种经验，并具有处理因受气候变化的力量所驱使而大幅流动的人们的勇气。我们特指联合国，当然，联合国也是有问题的。埃里克·肖恩（Eric Shawn）在他的书《联合国大爆料》中声称，该组织充斥着谎言、职业幻灭和官僚瘫痪。联合国的批评家们都指责它的领导无外乎是一个自私自利的帮派，勉强好于流氓这个级别[78]。

也许是基于种族的原因，这种批评源自这样一个事实：联合国的许多领导职位都是由来自发展中国家的代表来担任的，他们鲁莽地批评美国和欧盟。然而，尽管有一些批评，其中一些还是当之无愧的，联合国在难民援助方面已做了高尚的工作。其他还有谁有大规模的人才、同情心和金钱来解决贫穷、移民、疾病和人类损失这些痛苦的问题？在世界的许多地方，联合国都积极捍卫人权，改善少数民族的待遇，增加对贫困人口的医疗支持。它们知道难民营是什么样的，它们在第二次世界大战后就在从事援助难民的工作。

已故历史学家托尼·朱迪特（Tony Judt）指出了联合国与美国的关系存在两难："任性的美国期待联合国在它之后横扫一切，然后总体上创造国际奇迹，但又坚决反对为其提供手段，并有意处处破坏它的信誉。这是一个不可逾越的障碍，也是美国评论家们所哀叹的缺点的主要源头。"[79] 正如朱迪特所指出的，联合国通过其诸多机构（世界卫生组织、教科文组织、救济工程处和难民事务高级专员公署）为维持世界秩序做出了很多贡献。在未来，联合国不会像第一次世界大战后时运不佳的国际联盟一样崩溃或离开。未来的基本任务将是调整组织的使命，使其涵盖救援、重建及可能以公平的方式重新安置气候难民。

一个非常有希望的进展是 2015 年的巴黎气候大会，在这次会议上，188个国家签署了一项全球协议，设定了人为或温室气体排放的 2℃限度。在审议期间，大约 60 万人参加了全球性支持减排的示威活动。虽然许多参与者最初对会议的期望较低，但最终的结果却令人惊讶。大会让人们看到了使地球变暖的温度限度保持在 2℃的希望。会议承诺监测全球排放，并从 2023年开始每 5 年重新评估这个国际目标 [80]。

历史的影子

随着地球上人们戏剧性迁移的发生，我们再也不能只是做旁观者，我们必须坚决支持一个更安全、更清洁和更温和的世界。与穷人反对富人相比，未来的斗争更是人类生存和死亡之间的较量。正如娜欧蜜·克莱恩（Naomi Klein）所说，在这个气候变化的时代，我们应该打造一些超越我们所希望的一些东西："我们将失去一些东西，我们中间的有些人将会放弃奢侈品，整个产业将会消失。"[81] 阻止气候变化为时已晚，但在变化的环境中适应和生存不晚。

如果有前行之路的话，它将涉及重新评价对外国人跨越穷国和像美国那样繁荣的发达国家的边界的方法和态度。具有讽刺意味的是，关于气候难民的全球性的短视与由学者们和人道主义机构所制定的改善这一问题的丰富战略、程序及政策同时存在。

应该帮助遭受痛苦的环境难民，而不是让他们沉沦于破旧的营地里。不是因本身过错而被迫逃离的人们应该有一个体面的未来。如果气候难民在自然界的变化对他们所做的方面得不到认可，他们将不仅仅是一个被边缘化的经济拖累，明天的一切罪恶将源自他们的营地——从疾病到民族动乱和恐怖主义。

全球气候正在以远超历史记录的速度在变化。有一点是肯定的：通过迁移适应气候变化永远是人类的一个可能策略。然而，现如今，距离人口专家所称为的"新人类海啸"只有一步之遥！[82] 以新方法解决我们当前困境的一个良好的开端是先看一下我们在历史的长河中所处的位置。我们喜欢去认为"现在情况不同了"，但事实并非如此。我们生活在历史的影子中，我们是否可以从过去发生的事情中学习将决定我们在现在的时代如何应对汹涌的气候难民潮。希望总是有的。

参考资料

Crispin Tickell, "Risks of Conflict—Resource and Population Pressures," http://www.crispintickell.org/page13.html.

[1]　Lester R. Brown, "Environmental Refugees: The Rising Tide," chap. 6 in *World on the Edge: How to Prevent Environmental and Economic Collapse* (Earth Policy Institute, 2011), http://www.earth-policy.org/books/.

[2]　Petra Ďurková, Anna Gromilova, Barbara Kiss, and Megi Plaku, "Climate Refugees in the 21st Century," Regional Academy of the United Nations, https://fusiondotnet.files.wordpress.com/2015/02/climate-refugees-1.pdf.

[3]　Norman Myers, Environmental Exodus: An Emergent Crisis in the Global Arena(Washington, DC: Climate Institute, 1995).

[4]　See Foreign Aid Explorer website, https://explorer.usaid.gov, USAID, July 27, 2015.

[5]　Samantha Nutt, *Damned Nations: Greed, Guns, Armies, and Aid* (Toronto: Mc-

Clelland and Stewart, 2011).

[6] Angela Williams, "Turning the Tide: Recognizing Climate Change refugees in International Law," *Law and Policy* 30:4 (October 2008), p. 523.

[7] Ibid., p. 502

[8] Ibid., p. 514.

[9] Ibid., p. 517.

[10] Susan Martin, "The State of the Evidence," *Forced Migration Review*, May 28, 2015, 82–83.

[11] Ibid.

[12] Maria Waldinger and Sam Fankhauser, "Climate Change and Migration in Developing Countries: Evidence and Implications for PRISE Countries," ESRC Centre for Climate Change Economics and Policy, Grantham Research Institute on Climate Change and the Environment, October 2015: 10, http://www.cccep. ac.uk/wp-content/uploads/2015/10/Climate-change-and-migration-in-developing-countries_final.pdf.

[13] Benjamin Glahn, " 'Climate Refugees?' Addressing the International Legal Gaps," International Bar Association, June 11, 2009, http://www.ibanet.org/Article/ NewDetail.aspx?ArticleUid=B51C02C1-3C27-4AE3-B4C4-7E350EB0F442.

[14] Duncan Robinson and Alex Barker, "EU to Press Ahead with Plans to Suspend Schengen Rules," *Financial Times*, December 4, 2015, https://www.ft.com/ content/42214a5c-9aa1-11e5-be4f-0abd1978acaa.

[15] Ian Traynor and Helena Smith, "EU Border Controls: Schengen Scheme on the Brink after Amsterdam Talks," Guardian, January 26, 2016.

[16] Griff White, "Denmark Turns Hostile on Refugees," Washington Post, April 12, 2016.

[17] Robinson and Barker, "EU to Press Ahead."

[18] Andrew Simms, Memorandum Submitted by the New Economics Foundation, Select Committee on International Development, https://www.publications. parliament.uk/pa/cm200304/cmselect/cmintdev/79/79we29.htm.

[19]　Ibid.

[20]　Molly Conisbee and Andrew Simms, *Environmental Refugees, The Case for Recognition* (London: New Economics Foundation, 2003), p. 35, https://ia600703. us.archive.org/14/items/fp_Environmental_Refugees-The_Case_for_Recognition/ Environmental_Refugees-The_Case_for_Recognition.pdf.

[21]　Gatrell, *Making of the Modern Refugee,* pp. 165–166.

[22]　Renaud et al., "Environmental Degradation and Migration," p. 7.

[23]　Ibid.

[24]　UNHCR, Guidelines on Temporary Protection or Stay Arrangements, February 2014, available at http://www.refworld.org/docid/52fba2404.html.

[25]　The *Stern Review* presented a pioneering comprehensive analysis for understanding the world of the climate refugee. Nicholas Stern, The Stern Review: The Economicsof Climate Change (Cambridge: Cambridge University Press, 2007), ix, available at http://mudancasclimaticas.cptec.inpe.br/~rmclima/pdfs/destaques/ sternreview_report_complete.pdf.

[26]　Williams, "Turning the Tide," p. 518.

[27]　Norman Myers, "Environmental Refugees," *Philosophical Transactions of the Royal Society B,* p. 612, https://www.ncbi.nlm.nih.gov/pmc/articles/PMC1692964/ pdf/12028796.pdf.

[28]　Ibid.

[29]　Debt-for-environment swaps: "Arrangement in which a debtor nation trades a portion of its liabilities to fund local protection efforts. Also called debt for nature swaps." BusinessDictionary.com.

[30]　Myers, "Environmental Refugees."

[31]　Frank Biermann and Ingrid Boas, "Preparing for a Warmer World: Towards a Global Governance System to Protect Climate Refugees," *Global Environmental Politics*10, no. 1 (2010), p. 60–88, available at https://www.researchgate.net/ publication/227627225_Preparing_for_a_Warmer_World_Towards_a_Global_ Governance_System_to_Protect_Climate_Refugees.

[32] Ibid., p. 75.

[33] Ibid.

[34] Ibid., p. 79.

[35] Bonnie Docherty and Tyler Giannini, "Confronting a Rising Tide: A Proposal for a Convention on Climate Change Refugees," Harvard Environmental Law Review 33(2009): 349–450, http://www.law.harvard.edu/students/orgs/elr/v0133_2/Docherty%20Giannini.pdf.

[36] Ibid., pp. 349–350.

[37] Ibid., p. 350.

[38] Ibid: 349–403.

[39] Ibid., p. 357.

[40] Ivid., p. 372.

[41] Biermann and Boas, "Preparing for a Warmer World," p. 79.

[42] Conisbee and Simms, *Environmental Refugees,* p. 29.

[43] Ibid.

[44] Glanh, "Climate Refugees"？

[45] Roger Zetter, "Protecting Environmentally Displaced People: Developing the Capacity of Legal and Normative Frameworks," Oxford Department of International Development, University of Oxford, Refugee Studies Center Report, February 2011: 58.

[46] Walter Kälin, "The Nansen Initiative: Building Consensus on Displacement in Disaster Contexts," *Forced Migration Review* 49 (May 2015), p. 5, available at http://www.fmreview.org/sites/fmr/files/FMRdownloads/en/climatechange-disasters/kaelin.pdf.

[47] The Nansen Initiative was named after Fridtjof Nansen (1861–1930), celebrated polar explorer, scientist, and peace advocate who became high commissioner for refugees for the League of Nations in 1921 and won the Nobel Peace Prize in 1922 for his humanitarian work in dealing with displaced populations in the aftermath of World War I.

[48]　Kälin, "The Nansen Initiative," p. 5.

[49]　Ibid.

[50]　Ibid.

[51]　Ibid., p. 7. 52. Glahn, "Climate Refugees"?

[52]　Ibid.

[53]　Ibid.

[54]　Zetter, "Protecting Environmentally Displaced People," p. 4.

[55]　Robert D. Kaplan, "The Coming Anarchy," *Atlantic* (February 1994), https://www.theatlantic.com/magazine/archive/1994/02/the-coming-anarchy/304670/.

[56]　"Nigeria," World Population Review, http://worldpopulationreview.com/countries/nigeria-population, September 13, 2015.

[57]　Elisabeth Rosenthal, "Nigeria Tested by Rapid Rise in Population," *New York Times,* April 14, 2012, http://www.nytimes.com/2012/04/15/world/africa/in-nigeria-a-preview-of-an-overcrowded-planet.html?_r = 0.

[58]　Kaplan, "The Coming Anarchy."

[59]　Quoted in Kaplan, ibid.

[60]　Kaplan, "The Coming Anarchy."

[61]　Kathleen Valtonen, review of Anthony H. Richmond, *Global Apartheid: Refugees, Raciosm, and the New World Order,* in *Refuge* 14:6, p. 25.

[62]　Ibid.

[63]　Ibid.

[64]　Ibid.

[65]　Ibid.

[66]　Ibid.

[67]　Ibid.

[68]　Anthony H. Richmond, *Global Apartheid: Refugees, Raciosm, and the New World Order* (Toronto: Oxford University Press, 1994), p. 205, quoted in ibid., p. 26.

[69]　Francis (pope), *Laudato Si* (Vatican City: Libreria Editrice Vaticana, 2015),http://w2.vatican.va/content/francesco/en/encyclicals/documents/papa-

francesco_20150524_enciclica-laudato-si.html.

[70]　Ibid., para 13.

[71]　Ibid., para. 21.

[72]　Ibid., para. 22.

[73]　Ibid., para. 49.

[74]　Ibid., para. 25.

[75]　Ibid.

[76]　Ibid., para. 31.

[77]　Ibid., para. 59.

[78]　Eric Shawn, *The UN Exposed: How the United Nations Sabotages American Security and Fails the World* (New York: Sentinel, 2006).

[79]　Tony Judt, "Is the UN Doomed?" *When the Facts Change: Essays 1995–2010* (New York: Penguin, 2015), p. 263.

[80]　United Nations Framework Convention on Climate Change, Adoption of the Paris Agreement, 30 November to 11 December 2015, Paris; see section 31.

[81]　Naomi Klein, *This Changes Everything: Capitalism vs. the Climate* (New York: Simon and Schuster, 2014), 28.

[82]　Liberation Forum, September 2008, held a debate on the theme "Climate Refugees: A New Tsunami?"